浅埋和地膜覆盖下滴灌节水机理与灌溉决策研究及应用

贾 琼 著

黄河水利出版社
·郑 州·

内 容 提 要

本书共分为9章,利用田间试验与模型模拟相结合的方式,探索了不同覆膜和浅埋对滴灌玉米蒸腾蒸发规律的影响机理以及覆膜和浅埋对滴灌土壤水分运移规律及降雨利用率的影响机理;明晰了覆膜和浅埋滴灌玉米蒸发蒸腾规律及节水机理;提出了适于西辽河平原区不同水文年适宜滴灌玉米灌溉制度。枯水年浅埋、膜下滴灌分别灌水9次、8次,灌溉定额分别为315 mm、270 mm;平水年浅埋、膜下滴灌灌水均为7次,灌溉定额分别为222 mm、183 mm;丰水年浅埋、膜下滴灌分别灌水5次、4次,灌溉定额分别为135 mm、105 mm。

本书可供从事农业水利、节水灌溉技术推广的科技人员和降解膜生产厂家的技术人员阅读参考。

图书在版编目(CIP)数据

浅埋和地膜覆盖下滴灌节水机理与灌溉决策研究及应用/贾琼著.—郑州:黄河水利出版社,2023.9

ISBN 978-7-5509-3740-6

Ⅰ.①浅… Ⅱ.①贾… Ⅲ.①滴灌-节约用水 Ⅳ.①S275.6

中国国家版本馆CIP数据核字(2023)第185902号

组稿编辑:王路平 电话:0371-66022212 E-mail:hhslwlp@126.com

责任编辑:王燕燕 责任校对:王单飞 封面设计:李思璇 责任监制:常红昕

出版发行:黄河水利出版社

地址:河南省郑州市顺河路49号 邮政编码:450003

网址:www.yrcp.com E-mail:hhslcbs@126.com

发行部电话:0371-66020550

承印单位:河南新华印刷集团有限公司

开本:890 mm×1 240 mm 1/32

印张:5.375

字数:160千字

版次:2023年9月第1版 印次:2023年9月第1次印刷

定价:40.00元

前 言

我国地域辽阔,人口众多,水资源匮乏,水资源保护在生态文明建设中占有重要地位。西辽河平原位于我国东北玉米带,被誉为“内蒙古粮仓”,地处通辽市中部,属干旱半干旱地区。常年干旱和地表水过度使用导致西辽河断流。目前只能通过地下水进行灌溉,地下水超采又导致地下水位下降,形成了大面积的降落漏斗,水资源利用率低已成为该地区农业可持续发展亟待解决的关键问题。因此,大力发展高效节水灌溉技术,实现农业可持续发展已经成为该地区农业发展的重中之重。

近年来,农业水资源利用已然成为当地农业部门关注的主要问题,大力发展高效农业节水灌溉成为攻坚克难的主目标。膜下滴灌在容易发生低温冷害和霜冻的东北地区,具有增温、保墒、控盐、抑制杂草、提高水肥利用效率、促进作物生长发育和增产增效等作用。然而,由于当地降雨较多、播种期多风沙的气候条件,膜下滴灌播种时对土地平整度要求较高,农艺配套技术复杂,前期投入较大,薄膜回收困难,容易造成白色污染。因此,经过改良,在该地区发展了不覆膜滴灌带上覆土 2~4 cm 的浅埋滴灌技术。膜下滴灌和浅埋滴灌技术得到了大面积推广示范,由于还处在推广示范阶段,在该地区膜下滴灌与浅埋滴灌需水规律、水分对产量构成因子的影响、棵间蒸腾蒸发规律以及灌溉制度等尚不明确。

本书密切结合我国内蒙古东部地区春玉米的生产实际,对玉米膜下滴灌与浅埋滴灌进行了较为系统的研究。研究项目以西辽河平原大面积玉米种植为背景,采用大田试验与模型模拟相结合的方法,以玉米为供试作物,通过膜下滴灌与浅埋滴灌进行对比,深入研究覆膜和浅埋对滴灌玉米蒸腾蒸发规律的影响机理,揭示膜下滴灌节水机理。基于 SIMDualKc 模型对滴灌玉米棵间蒸发进行了模拟研究,揭示了滴灌条件下不同区域土壤蒸发的规律，制定了不同水文年滴灌玉米灌溉制度，为相似地区玉米滴灌灌溉决策提供理论依据。

本书依托“十二五”国家科技支撑计划项目（2014BAD12B03）、甘肃省高等学校青年博士基金项目（2022QB-088）、甘肃省高等学校创新基金项目（2022B-101）、甘肃农业大学公招博士科研启动基金（GAU-KY-QD-2021-45）编写完成。在编写过程中得到了内蒙古农业大学、甘肃农业大学、内蒙古自治区水利科学研究院、通辽市水利技术服务中心有关老师和同行的支持和帮助。另外，在编写过程中还引用了大量的参考文献。在此，谨向为本书的完成提供支持和帮助的单位、所有研究人员和参考文献的作者表示感谢！本书由内蒙古农业大学史海滨教授指导完成，中国农业科学院农田灌溉研究所冯亚阳对本书的撰写提出了许多宝贵意见，也在此向二位表示衷心的感谢！

由于作者水平有限，书中难免存在不妥之处，敬请读者朋友批评指正。

作者

2023 年 5 月

目 录

第1章 绪 论

1.1 研究背景及意义

水资源是人类赖以生存的生命之源,是人类发展的生产之需,是万物的本源。习近平总书记提出“绿水青山就是金山银山”的理念,在新时代中国迅猛发展的今天,生态环境保护受到了前所未有的重视,而水作为生态之基,在环境保护中占有举足轻重的地位,在大力发展经济的同时保护水资源也显得弥足珍贵。当今社会被人口、环境、资源三大问题困扰,水资源问题作为全人类面临的挑战,显得尤为突出。我国水资源总量丰富,达到28 761.2亿 m^3(《中国统计年鉴2018》),人口较多,人均水资源占有量仅为2 074.5 m^3(国家统计局,2018),淡水资源量低,成为全球水资源最贫乏的国家之一。我国地域辽阔,水资源时空分布不均,降雨集中,汛期降雨量占全年的60%~80%。南北水资源分布差异较大,长江流域以南水资源量占全国的81%,西北干旱半干旱区仅占7%。水资源浪费严重,我国的总用水效率仅为日本的4%,灌溉水利用系数仅为0.559,有的国家已经达到0.7~0.8。地表水使用过量,部分河流断流,地下水超采严重,形成大量降落漏斗,水资源短缺严重制约了我国的生产发展。我国属于人口大国,对粮食大量的需求使我国成为农业大国,农业为第一生产力。然而,城市发展、水土流失等原因造成我国耕地面积不断减少。节约用水、大力发展高效节水农业是解决水资源短缺、粮食短缺等问题的有效途径。

西辽河平原位于我国东北玉米带,与同纬度的美国玉米带、乌克兰玉米带并称为世界“三大黄金玉米带”,是我国重要的商品粮基地,被誉为“内蒙古粮仓”。西辽河平原地处通辽市中部,属中温带半干旱大陆性季风气候。通辽市的农田灌溉历史悠久,农业发展在经济发展中占有重要的位置,全市有25座5万亩[1]以上的中型灌区、3座大型灌区均采用井渠双灌。近年来的连续干旱和地表水的过度使用,导致多数河流断流,其中就包括西辽河。目前只能通过地下水进行灌溉,地下水超采又导致地下水位下降,形成大面积降落漏斗。因此,大力发展高效节水灌溉技术、实现农业可持续发展已经成为该地区农业发展的重中之重。2012年初,国家启动东北四省区"节水增粮行动"项目,配套设施经费由政府补贴,通辽市委、市政府提出"十二五"期间建设800万亩高产高效农业节水工程,大力推广膜下滴灌技术。在2018年通过的《通辽市2018~2020年高效节水农业三年发展规划》中指出,用3年时间建设1 000万亩节水高效工程。结合当地降雨较多、播种期多风沙的气候条件,经过改良在该地区发展了不覆膜滴灌带上覆土2~4 cm的浅埋滴灌技术并得到大面积推广应用。

滴灌是一种局部灌溉的高效节水灌溉技术,通过滴灌带的滴头将水一滴一滴地缓慢滴入根区土壤,为作物提供生长发育所必需的水分。相比畦灌、低压管灌、喷灌等灌溉技术,滴灌具有灌水定额小、不产生地表径流与深层渗漏、蒸发损耗低等特点。结合覆膜种植技术的增温保墒优势,膜下滴灌可以达到节水增产的效果。但是,近年来,大部分地区的农膜无法回收,农膜残留在土壤中占使用量的30%左右。随着农膜残留的增加,产生大量白色污染,农膜不易分解,在土壤中影响水肥运移和根系的发展,从而造成作物减产。农膜残留问题已经引起专家学者的高度重视,在当前经济技术条件下,其他种类膜(如降解膜)的使用尚有难度。本书针对西辽河平原区推广和发展不覆膜浅埋滴灌技术中缺乏理论指导和存在的问题,开展玉米滴灌节水机理和灌溉决策系统性的研究,以期为相似地区玉米滴灌研究提供理论依据,为玉米滴灌灌溉提供理论指导。

---

[1] 1亩 = 1/15 hm^2,全书同。

1.2 国内外研究进展

1.2.1 节水灌溉研究进展

节水灌溉就是通过管理措施、工程措施、农业措施，合理利用水资源提高作物水分利用效率(WUE)，达到节水高产的目的。农业节水技术通过减少棵间蒸发损耗和作物蒸腾才能更好地提高水分利用效率。我国地面灌溉面积高达98%，地面灌溉技术也最受农民喜爱。节水灌溉技术应当以改进地面灌溉为主，发展其他高效节水灌溉技术为辅，考虑因地制宜，各种农业节水方式并行，摒弃喷微灌即节水灌溉的错误认知。高效节水灌溉农业的主要措施包括低压管灌、渠道防渗、喷灌、滴灌和微灌。低压管灌是利用低压管道将水从水源运到田间，有效降低输水过程中的渗漏和蒸发损耗。渠道防渗是通过工程技术手段，降低渠道运水过程中的蒸发和水分渗漏，是我国主要的节水灌溉措施。喷灌是通过有压管道输水，再通过喷头将水变为水滴均匀地洒向田间的一种机械化、半机械化灌水技术，与漫灌相比可节水30%。滴灌是利用滴灌带将水一滴滴缓慢均匀地滴施到作物根区，水分利用效率可达98%，是干旱地区最有效的节水灌溉技术。微灌利用先进的设备和技术手段直接将水送到作物根区，可以将水直接作用于作物，但是该技术日常维护较麻烦。

高效节水灌溉技术在以色列、美国等农业发达国家起步较早，形成了一套完整的技术体系，且配套设施成熟，在喷灌、滴灌设备研发和作物耗水、水分生产函数和灌溉制度优化等理论研究方面取得了大量成果。国外学者认为通过滴灌和喷灌等高效节水灌溉技术能将水分利用效率从传统地面灌溉的60%提高到95%。贾迈勒等研究发现洋葱更适合畦灌和沟灌，灌溉效率达到79%~82%，使用滴灌为79%，喷灌灌溉效率更低。查尔斯·巴舍乐等通过对比漫灌、滴灌、壶灌和地表管道灌溉的优缺点发现，进行地表灌溉时通过陶管输水有显著的节水增产效果。我国在20世纪70年代中期到80年代后期从以色列等农业发达的国家引入高效节水灌溉技术和设备,在 20 世纪末有了一定发展,近年来,高效节水灌溉技术得到了大力推广。所以,我国在高效节水灌溉技术方面也有大量研究成果。有学者利用井渠双灌进行灌溉,发现可以有效降低盐碱地区的盐碱程度,极大地提高农田水分利用效率。张东等认为在农田灌溉中因地制宜实施节水灌溉技术措施可以有效提高水资源综合利用率。综上所述,高效节水灌溉得到国内外学者的广泛关注,高效节水灌溉技术作为农业节水的有效技术手段,发展迅速,在国内外得到大力推广。但是,高效节水灌溉技术还缺乏系统深入的研究,国内外学者对高效节水灌溉技术的理论研究还有很长的路要走。

1.2.2 滴灌技术研究进展

我国早在 20 世纪 70 年代从墨西哥引进了滴灌设备和技术,起初仅 3 个试验点,1980 年我国第一套滴灌设备生产成功。科研工作者将这项技术与膜下栽培技术融合,新疆生产建设兵团石河子垦区最早应用膜下滴灌技术,从 1996 年新疆生产建设兵团农八师进行了棉花膜下滴灌试验后,到 1998 年膜下滴灌技术不断发展完善,形成大田膜下滴灌技术体系并拓宽了滴灌技术应用的作物种类和范围,2002 年新疆生产建设兵团膜下滴灌技术得到大面积的推广,示范面积达 11.33 万 hm^2,我国成为膜下滴灌技术应用面积最大的国家。2010 年初,在河北、甘肃、宁夏安排大面积滴灌试验示范区并实行全国公益性科研推广项目,使膜下滴灌技术应用到番茄、大豆、甜瓜、马铃薯、药材等越来越多的作物种类。加孜拉等通过分析不同灌水量和灌水次数试验确定滴灌技术可以提高玉米产量和品质。何钊全等和司昌亮等通过玉米膜下滴灌大田试验,研究玉米需水规律和水分生产率,为玉米膜下滴灌灌溉制度提供理论指导。李建查等研究发现覆膜滴灌能够改变甜玉米地下部分和地上部分的生物量分配,提高水分利用效率,得到了甜玉米膜下滴灌适宜灌水上、下限。国外主要在蔬菜、水果等作物上应用膜下滴灌技术。保罗等通过膜下滴灌与传统灌溉方式对比研究发现,膜下滴灌可使辣椒产量和净收入提高 57%和 54%。Amayreh 通过对约旦河谷膜下滴灌马铃薯作物系数研究发现膜下滴灌节水效果显著。Santosh 等通过5年的大田试验,运用双作物系数法确定了香蕉膜下滴灌和无膜滴灌的最佳灌水量。有学者通过对比分析不同灌溉方式对卷心菜产量的影响研究发现,膜下滴灌较沟灌可增产65%。张鲁鲁等通过温室滴灌试验发现优质高产甜瓜生育期耗水量为670 mm左右。白珊珊等通过滴灌对冬小麦耗水的影响研究得出冬小麦全生育期平均耗水量为388 mm,水分利用效率相比地面灌溉提高38%。Cetin研究发现适度降低氮肥量不会明显降低棉花产量,过多水肥投入不利于棉花高产。Warwick等通过研究水分胁迫对棉花纤维品质及产量的影响发现,提高水分利用效率可显著改善水分胁迫对棉花产量和品质的影响。唐士劼等研究发现,同时灌水条件下湿润锋运移距离与滴头流量成正比;相同灌水量条件下,水平运移距离不受滴头流量影响,但垂直方向运移距离增大。分析点源入渗条件下土壤水平与垂直运移规律和土壤水力参数之间的关系,可以为合理规划设计滴灌系统提供理论依据。

为解决残膜污染,结合无膜栽培与地下滴灌技术降低地膜使用的同时实现节水灌溉。浅埋滴灌技术的不断发展完善逐渐从西北地区发展到东北地区,应用作物从牧草和棉花等发展到玉米等粮食作物,学者在吉林、辽宁和内蒙古西部开展浅埋滴灌研究工作。李经伟等对比4种灌溉形式建议在降水量为250~400 mm玉米种植区适度推广浅埋滴灌。戚迎龙等通过对西辽河流域玉米节水灌溉模式综合效益分析,建议在该区域适度推广浅埋滴灌。杨恒山等通过对比不同灌溉方式对玉米产量和水分利用效率的影响得出浅埋滴灌具有节水、增产的作用,无膜覆盖可以有效避免残膜污染,是西辽河平原区适宜的高效灌溉方式。申丽霞等研究发现地膜覆盖能够提高浅层土壤温度,较不覆膜处理生育期缩短8~12 d。杜社妮等研究发现地膜覆盖能显著提高生育前期土壤温度,但是在生育后期抑制了根系的生长,降低了玉米蒸腾蒸发量和水分利用效率。前人对膜下滴灌对产量和水分利用效率的影响结论不一,这可能与不同地区的水热条件有关。综上所述,国内外学者对膜下滴灌做了大量研究,浅埋滴灌还处在尝试性推广应用阶段,对浅埋滴灌的研究相对较少,少量学者对浅埋滴灌经济效益等方面进行了研究,研究方向较单一,研究范围也较浅显,对膜下滴灌和浅埋滴灌节水机理系统深入的对比研究更少。

1.2.3 作物需水量研究进展

作物需水量是农田灌溉管理、水资源规划利用和水利工程设计的重要参数。作物需水量的定义根据目的不同而不同。在水利上,以供给大田作物生长发育的灌水为主要目的,将水量满足作物生长发育的田间作物的蒸散量定义为需水量;在农业领域,以作物产量为研究需水的主要目的,将作物需水量定义为单位干物质产量需要消耗的水量。归根结底,学者对作物需水量的描述有所差异,但是在本质上异曲同工。作物需水量是指合理的水肥配比下作物生长发育旺盛所消耗的水量,包括作物蒸腾量、土壤蒸发量和作物体内包含的水量三部分。作物体内包含的水量占比相对较少,仅占到总需水量的1%左右,一般在计算中忽略不计,作物需水量又叫蒸腾蒸发量。作物需水量计算方法主要有通过 ET_0 计算法、直接计算法、模型法和遥感法。通过 ET_0 计算法是应用修正的 Penman-Monteith 公式计算 ET_0,再结合作物系数计算需水量。直接计算法通过影响作物需水的因素与作物需水量建立关系得出经验公式直接计算。模型法是根据历史观测数据通过系统方法、结构分析法、时间序列法建立数学模型预测需水量。遥感法利用地面气象数据,结合遥感技术得到地表参数和气象参数估测需水量。

陶君等研究发现日光温室条件下膜下滴灌辣椒各生长阶段呈现增加趋势,辣椒的耗水量增加,耗水强度也相应增强。马牡兰等通过膜下滴灌与交替灌溉结合研究表明,膜下滴灌番茄生育期耗水呈现先升后降的“抛物线”变化趋势,峰值出现在开花-挂果期,棉花膜下滴灌生育期的需水量为370~414 mm。李尤亮等在云南干热河谷区开展夏玉米需水量变化试验,研究表明夏玉米生育期平均需水量为425 mm。宇宙等通过不同灌水定额对玉米膜下滴灌需水规律的影响研究得出,玉米需水量在生育期内的变化趋势为先增大后减小,拔节期最大(117.23 mm)。张振华等对比水分胁迫和充分供水下膜下滴灌棉花的需水规律,建立了水分胁迫下作物水分胁迫指数 CWSI 与棉花实际需水量 ET_a 的函数关系,计算出干旱条件下膜下滴灌棉花的实际需水量,精度较高。综上所述,国内外学者对作物需水规律的计算方法已经进行了系统全面的研究,随着膜下滴灌技术的大力发展,对各种作物膜下滴灌的应用较多,膜下滴灌条件下作物需水的研究较多。但是浅埋滴灌还处于推广阶段,对浅埋滴灌作物需水规律研究鲜有报道。

1.2.4 蒸腾蒸发研究进展

蒸腾蒸发量的测定方法有很多,随着农田蒸腾蒸发研究的发展,主要包括经验公式法、土壤水量平衡法、蒸渗仪法、波文比-能量平衡法、空气动力学法、涡度相关法、遥感法和模型模拟等,各种方法有其相应的适用条件和局限性。蒸腾蒸发(ET)由棵间蒸发(E)和作物蒸腾(T)组成,定量分析棵间蒸发和作物蒸腾能够有效揭示滴灌玉米的蒸发机理。刘艳萍等用 24 座蒸渗仪,集成多种传感器对冬小麦蒸散量进行了估算,相对误差较低。大型蒸渗仪和微型蒸发器可以监测逐日蒸腾蒸发量及棵间蒸发量。Holmes 等利用微波陆面温度建立了大气-陆面交换反演模型框架,从空间估算蒸散发。Merlin 等建立了一个估算土壤蒸发效率的简约模型, 定义为实际土壤蒸发与潜在土壤蒸发的比率。Zhao 等利用涡度相关技术、微型蒸发器和液流计测算得出葡萄生育期的 E/ET 为 52%~59%,T/ET 为 41%~48%。Marek 等和 Han 等利用微型蒸发器(Micro-Lysimeter,MLS)与其他方法进行对比研究了土壤蒸发,研究表明在监测过程中注意换土特别是灌水和降雨后换土,微型蒸发器测量精度较高。张彦群等使用微型蒸发器和液流计测定滴灌玉米棵间蒸发和植株蒸腾,发现覆膜滴灌降低蒸腾蒸发量 4.5%左右,覆膜处理下棵间蒸发量占蒸腾蒸发量的 13.5%左右,而不覆膜处理下棵间蒸发量占蒸腾蒸发量的 23.4%左右。目前,定量测定棵间蒸发和作物蒸腾的方法主要有大型蒸渗仪和涡度相关技术结合微型蒸发器和液流计等。但是大型蒸渗仪造价较高,限制了仪器的推广应用。微型蒸发器需要每日称重测量,操作复杂,对精度影响因素较多。涡度相关技术存在能量不闭合现象,研究表明涡度相关法测定蒸腾蒸发量较低,影响测定精度。液流计在测定过程中会对作物有一定的损伤,在植株较小时无法进行测定。

近年来,大量学者运用 SIMDualKc 模型研究蒸发与蒸腾,模拟精度较高。SIMDualKc 模型通过双作物系数将 K_c 分为基础作物系数 K_{cb} 和

土壤蒸发系数 K_e，用 $K_{cb} \cdot ET_0$ 表征蒸腾量，用 $K_e \cdot ET_0$ 表征蒸发量，可以将两部分有效区分。近年来，学者在不同地区的不同作物蒸腾蒸发研究中大量应用 SIMDualKc 模型。张宝忠等利用校准和验证后的 SIMDualKc 模型在黄河上游河套灌区进行番茄的田间试验，结果表明，土壤水分模拟值与土壤水分观测值吻合较好。石小虎和邱让建等在西北地区应用 SIMDualKc 模型估算出了覆膜条件下的温室番茄土壤蒸发量占蒸腾蒸发总量的 5.4%~5.9%。赵娜娜和闫世程等通过 SIMDualKc 模型分别对玉米管灌和滴灌棵间蒸发进行了模拟研究，模拟精度较高。李瑞平等对内蒙古通辽滴灌玉米生育期棵间蒸发量进行模拟研究，表明覆膜能够减少棵间蒸发，特别是在生育前期。可见国内外学者对蒸腾蒸发测定方法做了大量研究，对作物棵间蒸发的研究大多集中于整个生育期棵间蒸发规律，很少有学者对比分析膜下滴灌与浅埋滴灌蒸腾蒸发规律，膜下滴灌由于覆膜使其蒸发规律更加复杂，很少有学者深入、细致地对膜下滴灌覆膜区域与裸土区域蒸发进行研究。

1.2.5　作物降雨利用率研究进展

降雨入渗是指大气降水垂直或从侧向进入土壤介质，在非饱和透水性土壤介质中再分配的过程，在土体中的运移动力为土水势梯度差。降雨入渗规律受土壤含水率、作物覆盖度、地下水埋深、降雨量、降雨时间、土壤质地和下垫面影响而变化。

齐子萱等通过分析影响降水入渗补给的主要因素，依据最佳潜水埋深点和稳定点建立了年降水入渗补给系数与潜水埋深间的指数型经验公式。国外研究人员通过研究得出了影响降雨入渗的因素以及降雨入渗量的计算方法。徐凯等基于水循环模型模拟条件下分析地下水动态补给变化，得出地下水补给以降水入渗补给为主，降水量与降水入渗补给成正比，随降水减少，降水入渗补给比例减小，河道入渗补给及灌溉回归补给比例增大。曾铃等研究发现不同土质土体的表面体积含水率均与降雨强度呈线性关系，在相同降雨强度下粉质黏土表面体积含水率大于砂土，不同土质浸润线的下降速度与降雨强度均呈对数函数关系，在相同降雨强度下砂土浸润线下降速度大于粉质黏土。有国外学者在室内进行模拟降雨对地表径流的影响研究中发现，降雨强度较高(下垫面不透水层占1/4)时,降雨强度对地表径流影响较大。申豪勇等利用氯离子质量守恒的原理估算了研究区降水入渗系数,为降水入渗系数计算提供了新思路。国外有学者研究发现植被冠层和地表覆盖等会影响降雨的再分配。肖继兵等研究沟垄覆盖对降雨入渗的影响时发现降雨量较大时覆膜会使降雨入渗量降低。明广辉等研究发现降水入渗深度与次降雨量成正比,5.5~8.3 mm 降水入渗 20 cm,8.3~14.3 mm 降水入渗 30 cm,14.3~21.4 mm 降水入渗 40 cm,大于 21.4 mm 降水入渗 60 cm,宽膜和垄膜处理的降水利用率和产量明显高于普通地膜。韩胜强等在实验室通过土柱试验研究了普通地膜和三种不同可降解膜以及无膜覆盖条件下蒸发前后水分分布,表明覆膜均可起到保水作用,有效提高地表 15~25 cm 土壤含水率,完全生物降解地膜效果最优。Welemariam 和 Moore 研究发现土壤密实度越大,降雨入渗越弱,孔隙越多,入渗能力越强。

地膜覆盖具有增温保墒作用,提高土壤含水率,但是地膜的不透水性会增加径流量。蒋小金研究发现覆膜垄沟模式较垄沟无膜和平地无膜两种方式集雨能力大、入渗更强。李富春等通过棉花大田试验研究发现垄沟及宽膜覆盖集雨效果优于平膜覆盖,降雨入渗发生在膜间和膜上孔,其对降雨的积蓄主要发生在左右位置。综上所述,国内外学者对降雨利用率的研究主要集中在降雨入渗过程中以及各种因素对降雨入渗的影响等方面,很少有学者定量研究膜下滴灌及浅埋滴灌各生长阶段的降雨利用情况,得出不同降雨膜下滴灌及浅埋滴灌究竟可利用多少降雨,为滴灌节水机理提供理论依据。

1.2.6 灌溉制度研究进展

灌溉制度是指根据作物需水特性、气候条件、土壤状况、农艺农机措施等在作物生长阶段制订的灌水方案,主要有灌水时间、灌水次数、灌水定额和灌溉定额。合理的灌溉才能得到较高的作物产量,不科学的非充分灌溉和无节制的过量灌溉都会影响产量或造成不必要的水资源浪费。

石岩等通过不同地下水埋深条件下膜下滴灌棉田水盐运移研究得出土壤水分呈反“S”形分布,土壤盐分呈“酒杯”状表聚型分布。邵颖等研究表明冬小麦最佳灌水制度为:平水年采用冬灌、拔节期灌水、抽穗灌浆期灌水 3 次,灌溉定额为 341 mm;枯水年采用压茬灌、冬灌、返青灌灌水 3 次,灌溉定额为 270 mm。马军勇等研究发现灌水周期对棉花产量有很大的影响,棉花最佳灌水周期为 7 d。孙晋锴等研究发现玉米在拔节期-抽雄期灌水 850 m^3/hm^2、抽雄期-灌浆期灌水 750 m^3/hm^2,相对产量最高。洋葱采用膜下滴灌,土壤水热变化均匀,水分利用效率高,较畦灌相比节水 21.6%,水分利用效率提高 37.3%。凡久彬和艾尔肯·沙依提等对番茄灌溉制度进行研究,得出适宜番茄灌水上下限为 50%~80%,最佳灌溉制度为灌水 14 次,灌溉定额为 3 900 m^3/hm^2。王洪源等针对滴灌条件下不同灌水下限对甜瓜产量研究发现,甜瓜适宜含水率下限为苗期 65%、开花坐果期 60%、果实膨大期 80%和成熟期 55%。Semih 等通过大田甜椒滴灌试验得出甜椒灌水周期为 3~6 d,灌水量为 ET 的 90%~100%,产量和品质较优。

陈磊等通过对膜下滴灌棉田蒸散过程研究发现膜下滴灌总蒸散量为 398 mm,不覆膜滴灌总蒸散量为 542 mm,覆膜降低了 27%。葛瑞晨通过不同滴灌条件对绿洲棉田蒸散的影响研究得出生育期覆膜可降低蒸散量 93.31 mm,降低蒸散强度 0.56 mm/d,节水 15%。王峰等研究表明蕾期和花铃期灌水频率分别采用 7 d 与 5 d,采用 1 倍 ETgage(G2#)累积蒸散量作为灌水量是较理想方案,与传统灌水模式相比增产 10%、节水 12%。汪昌树等认为以获得较高水分利用效率为目的棉田应灌水 22 次,灌溉定额 3 450 m^3/hm^2;以获得高产为目的则应灌水 16 次,灌溉定额 5 950 m^3/hm^2。崔永生等通过灌溉制度对水盐运移和棉花品质、产量研究发现生育期灌溉定额高于 2 578 m^3/hm^2,不会加深土壤盐渍化程度,灌溉定额为 4 200 m^3/hm^2 是南疆旱区适宜灌溉制度。张琼等研究发现灌溉定额相同,高盐土花龄期灌溉频率较高时,相较于常规灌溉可增产 28%。

宇宙等研究得出平水年赤峰地区玉米膜下滴灌最佳灌溉制度为灌水 5 次,定植坐苗灌水定额 18 mm,5 月下旬、7 月中旬、8 月上旬和 8 月中旬各灌水 30 mm。范雅君等通过河套灌区玉米膜下滴灌优化灌溉制度研究推荐灌溉定额为 275~325 mm,较本地常规灌溉每公顷节水 2 546.25~3 296.25 mm。杜斌等研究河套灌区玉米膜下滴灌作物系数分别为生长初期0.162、快速生长期0.718、生长中期1.251、成熟期0.409。生育期耗水量为445 mm,较传统灌溉节水12.7%,为合理制定灌溉制度提供理论依据。彭遵原等对河套灌区膜下滴灌条件下间作农田耗水规律及灌溉制度进行研究,取得了初步成果。唐瑞等针对宁夏中部干旱玉米带研究确定了玉米膜下滴灌灌溉制度:生育期灌水8次,苗期-拔节期灌水2次,拔节-抽穗期灌水2次,抽穗-灌浆期灌水3次,灌浆-成熟期灌水1次,灌溉定额为2 100 m^3/hm^2。综上所述,国内外学者对新疆、西北和东北等地区玉米、棉花、番茄、黄瓜、甜瓜等多种作物的滴灌进行了研究。对膜下滴灌灌溉制度的研究较为系统全面。但是,浅埋滴灌还处于推广阶段,对浅埋滴灌灌溉制度的研究相对较少。

通过前文国内外研究进展综述发现当前学者对浅埋滴灌耗水规律、蒸腾蒸发规律、降雨利用等方面还有待进一步深入研究。很少有学者通过对比研究膜下滴灌与浅埋滴灌不同水分对玉米生长指标、耗水规律、产量构成因子、蒸腾蒸发和降雨利用率的影响机理,揭示滴灌节水机理。在此基础上,针对不同水文年玉米滴灌灌溉制度研究,进行玉米滴灌灌溉决策。当前,西辽河地区玉米膜下滴灌与浅埋滴灌技术得到大面积推广示范,针对当地玉米滴灌节水机理及灌溉决策研究显得尤为重要,对指导当地灌溉和更好地推广滴灌技术有着极其重要的现实意义。本书正是基于上述问题展开科学研究。

1.3 研究内容

1.3.1 覆膜和浅埋对滴灌玉米生长指标的影响

通过2015~2018年的大田试验观测,对膜下滴灌和浅埋滴灌不同灌水处理玉米株高、叶面积在整个生育期内追踪监测,研究覆膜与否、不同水分处理对玉米生长指标的影响,以及各生长阶段植株的生长发育规律。对比研究膜下滴灌与浅埋滴灌根系分布规律。

1.3.2 覆膜和浅埋对滴灌玉米耗水规律及产量构成因子的影响机理

选择膜下滴灌和浅埋滴灌 2 种条件,分别设置高水、中水、低水 3 种试验处理,通过土壤含水率测量仪器、土壤温度测量仪器、试验观测、统计等方法研究不同水分处理滴灌玉米各生长阶段耗水规律、土壤温度变化规律、各处理的百粒重和穗粒数等产量指标。对比分析玉米膜下滴灌和浅埋滴灌各生长阶段的耗水规律、土壤温度变化规律和不同灌水对产量的影响。

1.3.3 覆膜和浅埋对滴灌玉米蒸腾蒸发规律的影响机理

使用自动棵间蒸发器和自制微型蒸发器监测膜下滴灌和浅埋滴灌实际棵间蒸发量,对比研究膜下滴灌及浅埋滴灌玉米生育期棵间总蒸发量、玉米蒸腾蒸发规律和各生长阶段棵间蒸发规律及蒸发量占总耗水量的比例。结合 SIMDualKc 模型模拟不同水分处理玉米浅埋滴灌及膜下滴灌棵间蒸发,分区域研究膜下滴灌覆膜区域与裸土区域棵间蒸发规律,与浅埋滴灌相应区域棵间蒸发进行对比研究。

1.3.4 覆膜和浅埋对滴灌土壤水分及降雨利用率的影响

通过田间试验观测土壤含水率,对比膜下滴灌与浅埋滴灌不同灌水处理土壤水分变化规律,摸清覆膜对玉米滴灌生育期内土壤水分分布的影响。基于 Hydrus-2D 模型模拟降雨条件下覆膜与浅埋滴灌土壤水分分布的二维特征,研究覆膜对滴灌降雨利用的影响。计算不同生长阶段膜下滴灌及浅埋滴灌降雨利用率,明确各阶段不同降雨强度降雨利用率,定量分析薄膜截流对膜下滴灌降雨利用的影响,对比分析大田种植条件下浅埋滴灌与膜下滴灌对降雨的利用情况。

1.3.5 滴灌玉米灌溉制度与灌溉决策研究

研究膜下滴灌及浅埋滴灌不同灌水处理对水分利用效率的影响,结合需水规律、产量的研究,得到最优灌水。收集研究区多年降雨资料,进行降雨频率分析，得到研究区不同水文年型代表年，集合代表年气象资料，通过计算代表年参考作物蒸腾蒸发量 ET_0，研究区各生长阶段作物系数，探究不同水文年作物需水规律，在试验研究的基础上提出西辽河平原不同水文年下的玉米膜下滴灌和浅埋滴灌节水灌溉制度。

1.4 技术路线

本书针对西辽河平原地区玉米膜下滴灌和浅埋滴灌大面积推广应用的现状，通过多年田间试验，结合模型模拟，探究了玉米滴灌节水机理，对西辽河平原玉米滴灌进行灌溉决策研究，为玉米滴灌灌水提供理论依据，为农业可持续发展奠定了坚实的基础。研究技术路线如图1-1所示。

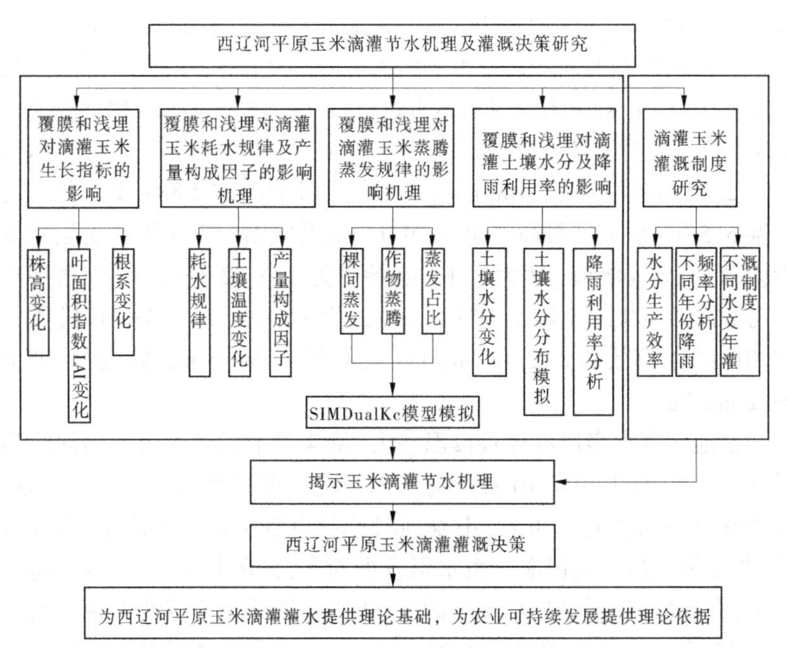

图1-1 研究技术路线

第2章 研究区概况与试验设计

2.1 研究区概况

2.1.1 基本情况

田间试验于2015~2018年在内蒙古通辽市科尔沁左翼中旗南塔林艾勒嘎查高效节水综合实验站开展。研究区地处通辽市东端,东经123°32′,北纬44°32′,海拔178 m。属温带大陆性季风气候、四季分明,春秋季早晚温差大,多风沙,年平均风速为3.9 m/s,开春风沙较大,最大风速16.0 m/s,最大瞬时风速可达30 m/s, 灌溉季风速相对较小,3 m/s左右。夏季雨热同期,雨量多集中在七八月。多年平均降雨量150~250 mm,蒸发量2 100 mm,多年平均日照时数2 884.8 h,年平均气温5.5 ℃,研究区最高气温40.9 ℃、最低气温-33.9 ℃。土壤主要为栗钙土,土壤溶液pH为9.10,电导率为220.02 μS/cm。土壤中全钾为30.99 g/kg、全磷为0.698 g/kg、全氮为0.78 g/kg、有机质为15.01 g/kg、有效磷为2.03 mg/kg、碱解氮为50.6 mg/kg、速效钾为99.2 mg/kg。

该地区春季多风沙且昼夜温差大,待4月下旬到5月上旬回暖后播种玉米,9月下旬到10月上旬玉米一定程度自然风干后开始收获。当地常见种植作物为玉米、小麦、向日葵,也有少量种植甜菜、紫花苜蓿、西瓜等。最早农田灌溉由水稻发展而来,采用井渠双灌,由于持续干旱,大多数河流断流,水库干涸,近年来主要灌溉方式为井灌。截至2016年,通辽市有效灌溉面积966.65万亩、节水灌溉面积634万亩。

本研究依托"十二五"国家科技支撑计划项目"东北四省区节水增粮高效灌溉技术研究与规模化示范"(2014BAD12B00)子课题"内蒙古

东部节水增粮高效灌溉技术研究与规模化示范”下的“滴灌条件下玉米灌溉制度与水肥一体化试验研究与示范”课题进行。

2.1.2　研究区气象条件

研究区1951~2018年生育期(4月下旬至9月中旬)气象条件:多年平均降雨量322.2 mm,多年平均风速3.32 m/s,多年平均气温20.2 ℃,多年平均日照时数3 254.1 h。研究区2015~2018年5~9月气象条件见表2-1。研究区春季昼夜温差大,多大风天气,风速较高,2017年5月平均风速达到5.41 m/s。

表2-1　2015~2018年气象资料

年份	月份	最高气温/℃	最低气温/℃	平均气温/℃	相对湿度/%	降雨量/mm	平均风速/(m/s)
2015	5	37.62	-1.5	16.89	49.65	57.4	3.66
	6	34.15	10.3	21.89	68.08	61.2	2.31
	7	34.36	11.2	23.73	73.28	41.9	0.8
	8	34.39	14	22.67	81.72	74.01	0.51
	9	32.74	3.14	16.79	71.06	26.7	0.73
	平均/总计	34.65	7.43	20.39	68.76	261.21	1.6
2016	5	36.63	3.01	19.57	41.9	39.6	3.4
	6	37.12	8.82	22.44	61.59	80.41	1.57
	7	35.45	13.35	25.16	72.75	48	0.99
	8	37.02	10.17	23.44	73.47	60.62	0.88
	9	29.32	5.13	17.8	83.19	43.4	0.62
	平均/总计	35.11	8.1	21.68	66.58	272.03	1.49

续表 2-1

年份	月份	最高气温/℃	最低气温/℃	平均气温/℃	相对湿度/%	降雨量/mm	平均风速/(m/s)
2017	5	42.68	1.45	17.87	37.51	31	5.41
	6	38.45	7.9	22.8	52.46	6.4	2.05
	7	39.29	10.64	25.59	72.11	35	0.74
	8	32.95	3.09	21.96	82.66	206.02	0.4
	9	31.82	3.3	17.54	72.05	12	0.63
	平均/总计	37.04	5.28	21.15	63.36	290.42	1.85
2018	5	34.76	-1.13	17.6	32.72	17	2.69
	6	39.35	13.11	23.82	59.55	35.6	1.96
	7	37.32	17.89	26.3	81.72	67	0.89
	8	37.62	11.15	22.5	81.68	87.6	0.53
	9	30.62	3.09	16.79	70.35	18.4	0.73
	平均/总计	35.93	8.82	21.4	65.2	225.6	1.36

2015~2018 年旬降雨量见图 2-1,生育前期(4 月、5 月)降雨量较小,特别是 2018 年 5 月降雨量仅 17 mm,2017 年 6 月降雨量仅 6.4 mm;生育中期降雨量逐渐增大,抽雄-灌浆期的 8 月降雨较多,2017 年 8 月 3 日单日降雨量达到 122.4 mm,8 月降雨量为 206.02 mm。

2.1.3 研究区土壤条件

2.1.3.1 研究区土壤物理性状

对研究区土壤物理性状进行研究,在东南西北 4 个方位及中部 5

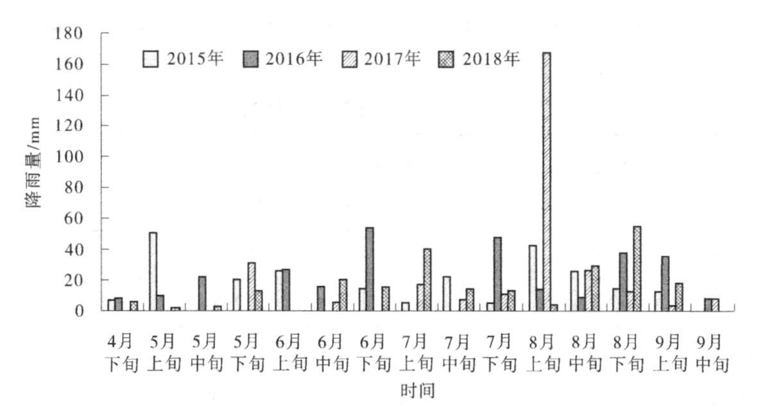

图 2-1　2015~2018 年旬降雨量分布

个点取 100 cm 深土壤剖面以辐射整个研究区。将 0~100 cm 土层每 20 cm 为一层分为 0~20 cm、20~40 cm、40~60 cm、60~80 cm、80~100 cm 共 5 层,用环刀取原状土,测定土壤田间持水量、饱和含水率、凋萎系数。每层取 3 个土壤样本采用烘干法测定土壤密度。土壤物理性状各项指标见表 2-2。

表 2-2　土壤物理性状各项指标

土深/cm	密度/(g/cm^3)	田间持水量/(cm^3/cm^3)	饱和含水率/(cm^3/cm^3)	凋萎系数/(cm^3/cm^3)
0~20	1.45	0.26	0.40	0.07
20~40	1.43	0.30	0.45	0.08
40~60	1.39	0.45	0.57	0.10
60~80	1.40	0.48	0.60	0.12
80~100	1.52	0.18	0.37	0.05

2.1.3.2　研究区土壤质地

采集各层试验田土样,经过风干、过筛等按规范步骤处理后,使用德国生产的激光粒度仪 HELOS+OASIS 测定土壤粒径级配。

根据美国农业部土壤质地划分三角图查得划分结果,研究区土壤质地划分见表 2-3,土壤质地大致分为 3 层:0~40 cm 为壤土、40~80 cm 为黏土、80~100 cm 为砂土。

表 2-3　试验田土壤颗粒分析结果

土层/cm	砂粒/% (>0.05 mm)	粉砂/% (0.002~0.05 mm)	黏粒/% (<0.002 mm)	土壤质地
0~20	36.76	52.7	10.54	粉砂壤土
20~40	21.65	48.81	29.54	黏质壤土
40~60	20.18	39.15	40.67	黏土
60~80	14.21	21.65	67.08	黏土
80~100	73.01	25.58	6.34	壤质砂土

2.2　试验设计

2.2.1　试验方案

试验采用宽窄行种植,一管两行布置,宽行间距 85 cm、窄行间距 35 cm,株距 25 cm,窄行中间铺设滴灌带,滴头间距 30 cm。试验设置为膜下滴灌(用 Y 表示)、浅埋滴灌(用 N 表示)两种条件。覆膜处理,窄行覆膜,宽度为 70 cm,厚度为 0.08 mm。浅埋无覆膜处理,滴灌带浅埋 2~4 cm,预防大风天气对滴灌带影响,不铺设地膜,其余布设方式均与膜下滴灌相同。玉米每个小区面积为长×宽(18 m×4.8 m),3 个重复。试验分为高水、中水、低水 3 种灌溉水平,共 6 个处理。膜下滴灌高水、中水、低水分别用 Y3、Y2、Y1 表示,浅埋滴灌高水、中水、低水分别用 N3、N2、N1 表示。

灌水定额采用式(2-1)计算:

$$m = 0.1 p\gamma H(\theta_{max} - \theta_{min}) \tag{2-1}$$

式中:m 为灌水定额,mm;p 为滴灌计划土壤湿润比,取 60%;H 为计划湿润层深度,计划湿润层根据根系深度设置为播种-出苗 20 cm、出苗-

拔节 40 cm、拔节-成熟 70 cm；γ 为计划湿润层干密度，g/cm^3；θ_{max} 为土壤含水率上限，质量含水率（%）；θ_{min} 为灌水前实测土壤含水率，质量含水率（%）。

土壤含水率接近下限时灌水，灌水上下限为土壤含水率占田间持水量百分比，各处理灌水上下限取值见表 2-4。

表 2-4　灌水上下限

处理	相对含水率/%				
	播种-出苗	出苗-拔节	拔节-抽雄	抽雄-灌浆	灌浆-成熟
高水	65~90	70~95	70~100	80~100	75~90
中水	60~85	65~90	65~95	75~95	70~85
低水	55~80	60~85	60~90	70~90	65~80

供试玉米品种为农华 106，施肥水平参考当地农民施肥平均水平，产量目标为 900 kg/亩，基肥：施 N 72 kg/hm^2、P_2O_5 105 kg/hm^2 和 K_2O 60 kg/hm^2，一体化农机播种时施入。拔节、抽雄、灌浆前追施尿素 168 kg/hm^2，溶于水肥一体化施肥罐随水滴施。农机农艺配套措施、病虫草害均按照当地农户实施方式进行田间管理。2015~2018 年实际灌水量见表 2-5。

表 2-5　2015~2018 年实际灌水量

年份	2015		2016		2017		2018	
处理	灌水次数/次	灌溉定额/mm	灌水次数/次	灌溉定额/mm	灌水次数/次	灌溉定额/mm	灌水次数/次	灌溉定额/mm
N1	8	143.4	9	181.2	9	183.9	7	193.0
N2	8	224.2	9	223.2	9	223.9	7	240.6
N3	9	272.1	9	263.0	9	275.0	7	287.5
Y1	7	112.5	8	169.2	8	158.5	7	157.8
Y2	7	186.8	8	177.5	8	183.3	7	196.8
Y3	8	242.7	8	232.6	8	220.1	7	233.5

2.2.2 测定指标与方法

2.2.2.1 气象观测

气象数据采用 HOBO 农田微型气象站(美国),自动监测时间设为 1 h,采集风速、最高气温、最低气温、相对湿度、太阳辐射、降雨等数据。

2.2.2.2 株高、叶面积测定

作物生态指标测定:株高、叶面积用卷尺测量,株高测定是从植株根部到植株的生长点和从根部到植株的所有器官中的最长点;叶面积的测定是从叶尖到叶基的长度与离叶基 1/3 处的叶宽计算得到。其中,单叶面积用下式计算:

$$S = 0.75ab \tag{2-2}$$

式中:S 为单叶面积,cm^2;a 为叶长,cm;b 为叶宽,cm。

单叶面积累加得全株面积。

2.2.2.3 根系测定

根系研究采用北京易科泰生态技术有限公司生产的 BTC-100 根系生态监测系统和根钻取根相结合的方法。在膜下滴灌与浅埋滴灌中水处理试验小区玉米植株下方埋设根管,每隔 15 d,通过 BTC 探头观测根系生长状况。采用直径为 7 cm 的取根器分别在拔节期、抽雄期、灌浆期采集根系样本,沿垂直滴灌带方向,在植株下方,植株与滴灌带之间各设置 1 个取根点,植株到垄间等间距设置 2 个取根点,共计 4 个取根点,每个取根点以 10 cm 为 1 层,向下取到无根为止。考虑工作量及实际操作难度设 2 组重复。过 3 mm 筛将根系从土中分离,将根系样本冲洗干净后采用 Epson Perfection V700 PHOTO 型扫描仪扫描根系样本,再使用 Win RHIZO 软件分析扫描图片,折算根长密度。

2.2.2.4 耗水量

耗水量采用水量平衡法确定:

$$ET = I + P + CR \pm \Delta SF \pm \Delta SW - DP - RO \tag{2-3}$$

式中:ET 为蒸腾蒸发量,mm;RO 为地表径流量,mm,该地区地势平坦,滴灌灌水以水滴形式渗入根区不产生地表径流;DP 为深层渗漏量,mm,滴灌相较于其他灌水(畦灌、喷灌等),灌水定额较小,深层渗漏忽

略不计；I 为灌水量，mm；P 为有效降雨量（有效降雨利用量），mm；CR为地下水补给量，mm，研究区地下水埋深在7～8 m，地下水补给可忽略；ΔSF为根层土壤水横向流入、流出量，mm，该地区地势平坦，ΔSF较小可忽略；ΔSW为某时段根层土壤水量变化，mm。

2.2.2.5 产量及产量性状

在玉米蜡熟期末，每个试验小区随机选取3段3 m长度，平均占地宽度1.2 m，记录株数、双穗数、空株数，取所有玉米样本，晒干烤种，剥取全部籽粒后称总重，根据样方籽粒总重量推算单位面积产量。随机选取10株玉米测量穗长、籽粒行数、每行粒数、百粒重等指标。脱粒后晒干，测量籽粒含水率，折算为标准水分下产量。

2.2.2.6 棵间蒸发测定

采用LYS20型自动棵间蒸发器（北京时域通科技有限公司）与自制微型棵间蒸发器（MLS）（见图2-2）进行测定。在浅埋滴灌与膜下滴灌中水处理各布置1个LYS20型自动棵间蒸发器，置于膜外侧左边缘与薄膜边缘相切。设定为每1 h采集1次蒸发量数据。此设备直径200 mm、高250 mm，主要由土柱、外筒、称重装置组成。在膜外侧自动棵间蒸发器旁边和膜内侧玉米苗间布置MLS，膜外侧位置与自动棵间蒸发器相邻，与膜边相切。在膜下滴灌膜内侧两棵玉米连线中点处先打入内筒（见图2-2中“+”处），取原状土后取出，底部用透气性良好的500目纱网封底防止漏土。打入外筒，将内筒放入外筒内，然后取地膜补齐缺膜部分。浅埋滴灌蒸发筒埋设位置与膜下滴灌完全相同，无薄膜覆盖。MLS每个处理设置3组重复。通过文献[134-135]对微型自制棵间蒸发器的材质、直径、长度等进行比选，以比选结果作为参考，结合实际可操作性，本研究采用PVC管作为内外筒，长度为10 cm，外筒直径为16 cm、内筒直径为14 cm，使用精度为0.1 g的电子天平于每日17:00称重，为保证与田间土壤含水率一致，5～7 d换土1次，降雨和灌水后换土。

2.2.2.7 土壤含水率

在膜下滴灌和浅埋滴灌高水、中水、低水处理中设置TDR管。分别在滴灌带下、玉米苗间布设2根TDR管，在玉米到宽行中点等间距

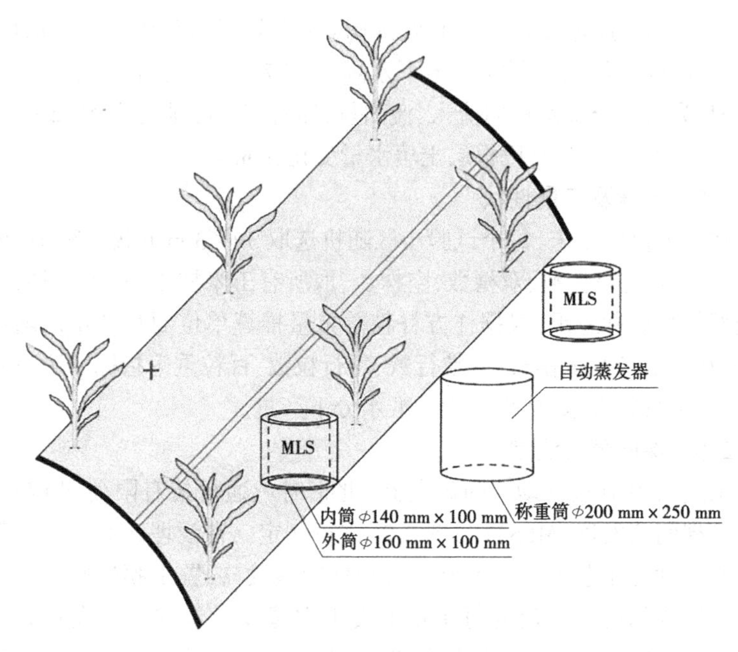

图 2-2 棵间蒸发器布置

布设 3 根 TDR 管,共计 5 根 TDR 管。为防止相邻 2 根 TDR 管距离较近影响测量精度,采用"W"形布设方式,如图 2-3 所示。以膜下滴灌处理为例,浅埋滴灌处理布设方式与膜下滴灌完全相同。各试验小区设置 3 组重复 15 根 TDR 管。从播种开始,每 7 d 测定土壤含水率,灌水前后和降雨后加测,测量深度为 100 cm,20 cm 为 1 层,共分为 5 层。定期用烘干法对 TDR 校核。

2.2.2.8 **降雨利用率**

作物降雨后根系层内有效降雨量用下式计算:

$$P_0 = 10\gamma H(\theta_2 - \theta_1) + ET - K + F + S \quad (2\text{-}4)$$

式中:P_0 为有效降雨量,mm;γ 为土壤密度,g/cm^3;H 为有效降雨入渗深度,m;θ_1、θ_2 为降雨前、后测得的土壤含水率(%);ET 为含水率变化时段内蒸腾蒸发量,mm;K 为含水率变化时段内地下水补给量,mm,由于研究区地下水埋深为 7~8 m,忽略地下水补给;F 为含水率变化时段内深层渗漏量,mm,土壤水分研究深度为 1 m 土层,降雨不会产生深层渗漏;S 为降雨产生的地表径流量,mm,研究区地势平坦,降雨前、后测量含水率时间间隔为 24 h,降雨完全入渗至土壤中,不会产生地表径流。

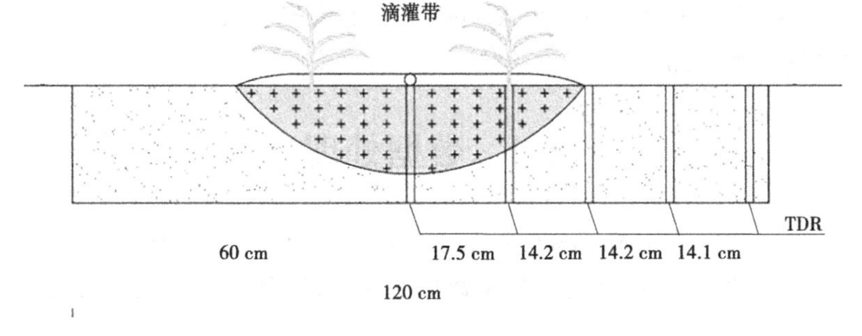

(a)TDR管剖面布置

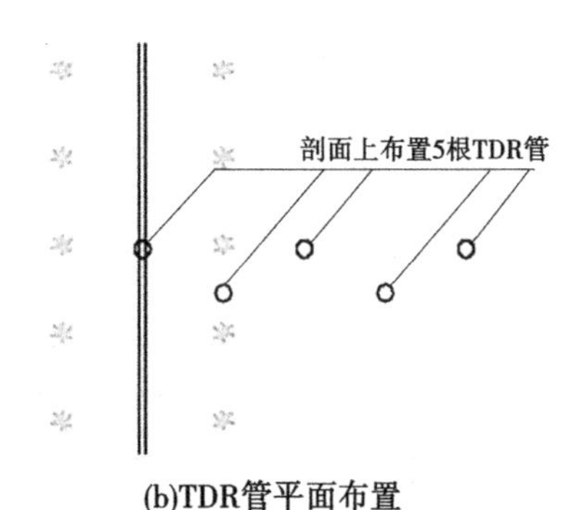

(b)TDR管平面布置

图 2-3 TDR 管布置

$$P_0 = \alpha P \tag{2-5}$$

式中:α 为降雨利用率;P 为含水率变化时段内降雨量,mm,可由气象站监测得到。

采用下式计算降雨利用率:

$$\alpha = P_0/P = [10\gamma H(\theta_2 - \theta_1) + \mathrm{ET}]/P \tag{2-6}$$

2.2.2.9 水分利用效率

作物水分利用效率(WUE)是用来描述作物生长量与水分利用状

况之间关系的指标,为单位水量消耗的产出。其计算公式为

$$WUE = Y/(10ET) \tag{2-7}$$

式中:WUE 为水分利用效率,kg/m^3;Y 为玉米产量,kg/hm^2;ET 为玉米生育期耗水量,mm。

2.3　数据处理

试验数据采用 Microsoft Excel 2010 计算分析,通过 SPSS 17.0 进行差异显著性分析(LSD 法),检验数据的差异显著性。通过 Surfer 12 绘制二维分布图。

第3章 覆膜和浅埋对滴灌玉米生长指标的影响机理

玉米生长指标可以直观反映玉米生长发育状况,在不同生长阶段受自身特性影响,各生长指标表现出差异性。膜下滴灌与浅埋滴灌相比,由于薄膜覆盖,限制膜下土壤与大气的水分交换,土壤水分状况发生变化,影响玉米生长指标。土壤水分是玉米生长发育的重要影响因素,不同灌水处理玉米生长指标不同。根据不同生长阶段生理指标变化规律,调整灌水,可以有效保障玉米对水分的需求,确保收获高产。对比研究膜下滴灌与浅埋滴灌不同水分处理玉米生长指标,对探究滴灌节水机理、合理制定玉米滴灌灌溉制度具有重要意义。

3.1 滴灌条件下不同处理玉米株高变化

2015~2018年玉米生育期内株高变化见表3-1~表3-4。膜下滴灌与浅埋滴灌不同灌水处理生育期株高变化一致,可以看出,在灌浆期(7月底)前各处理玉米株高呈增加趋势,灌浆期后变化平缓,达到最大值,趋于稳定状态,玉米生殖生长也达到稳定阶段,进入作物的第二生长时期,该阶段为玉米的生长关键期。成熟期,玉米的株高基本没有变化,在该生育期,玉米的营养生长也基本达到稳定状态。膜下滴灌处理在生育前期株高高于浅埋滴灌处理,这是由于覆膜增温保墒效果在前期更加显著。总体上膜下滴灌在抽雄期之前显著高于浅埋滴灌9%~20%($p<0.05$),抽雄期以后膜下滴灌与浅埋滴灌玉米株高无显著性差异($p>0.05$),特别是中水处理膜下滴灌与浅埋滴灌无显著性差异。膜下滴灌与浅埋滴灌株高中水处理比高水处理低1%~8%,中水处理较低水处理高2%~8%,中水处理与高水处理差异性不显著($p>0.05$),特别是在降雨较多的年份更加明显。膜下滴灌处理由于薄膜的增温保墒

表 3-1　2015 年玉米生育期内株高变化

单位：cm

处理	日期（月-日）						
	06-05	06-20	07-05	07-20	08-05	08-20	09-05
Y1	37.7±0.4b	61.2±0.6c	115.9±1.2c	212.4±2.1c	264.0±2.6c	265.0±2.7c	254.7±2.5cd
Y2	37.0±0.4bc	60.0±0.4bc	115.2±0.8c	218.6±1.4b	271.0±2.3b	271.0±1.4b	257.5±3.7c
Y3	38.7±0.2b	63.8±0.8b	124.8±1.1a	228.9±1.9a	277.0±1.5a	279.0±2.0a	275.3±2.2a
N1	41.8±0.9a	54.6±1.2a	104.8±2.1d	201.3±2.0d	252.0±1.6e	254.0±1.7d	252.0±1.8d
N2	41.5±0.5a	56.7±0.3ac	121.5±1.2b	210.5±3.0e	254.0±2.2e	257.0±1.1d	254.0±3.2cd
N3	36.7±1.2c	57.0±0.5ac	122.0±0.9b	219.4±2.3f	267.5±1.4d	268.0±1.6bc	266.0±1.7b

注：表中不同字母代表在 0.05 水平差异性显著，下同。

表 3-2　2016 年玉米生育期内株高变化

单位：cm

处理	日期（月-日）							
	06-01	06-23	06-30	07-06	07-19	07-30	08-13	08-20
Y1	36.8±1.1a	60.4±0.3a	165.5±0.6a	203.0±1.3a	230.5±2.7a	268.7±0.5a	270.5±0.4a	271.0±1.2a
Y2	37.0±0.5a	62.0±0.3b	167.2±1.4a	205.5±2.3ab	232.0±3.2a	273.5±1.5ab	275.0±0.6ad	275.0±0.8ad
Y3	47.8±1.3b	61.2±0.4ab	173.5±0.4b	208.8±2.3b	245.8±2.1bd	280.0±2.0b	282.5±3.0bd	282.5±2.1bd
N1	36.7±1.1a	50.6±0.9c	150.7±2.1c	189.0±3.3c	229.5±2.1a	259.0±0.5c	263.5±1.5c	264.0±1.4c
N2	41.5±1.9c	51.0±1.6cd	152.3±0.8c	192.2±0.9cd	239.7±0.2c	279.0±0.1bd	280.0±0.3bd	280.0±1.0bd
N3	41.8±2.1c	52.0±1.2d	158.5±2.1d	195.7±0.4d	235.0±0.8ac	274.5±0.6ab	282.5±0.2b	283.0±0.5b

表3-3　2017年玉米生育期内株高变化

单位:cm

处理	日期(月-日)							
	06-09	06-20	06-30	07-10	07-19	07-27	08-13	08-22
Y1	51.5±0.6a	70.5±0.4a	155.0±1.2a	197.5±0.3a	233.0±0.5ae	263.0±1.3c	264.0±1.2ed	267.0±2.4a
Y2	55.0±0.6b	75.3±0.3b	172.0±1.2b	198.0±1.1a	237.0±2.1a	280.0±0.9ab	280.0±1.0cd	283.0±1.0b
Y3	61.5±0.2c	79.5±1.7c	177.0±0.9c	205.8±1.8b	243.0±0.6b	284.5±0.2a	284.5±0.6c	285.0±1.2b
N1	38.0±0.8d	58.2±1.5d	141.5±2.6d	184.3±2.1c	221.0±2.4cf	263.5±2.2c	264.0±2.3ed	265.0±1.6a
N2	44.0±0.7e	60.0±2.5e	147.0±1.6e	187.0±1.4cd	228.7±1.2d	276.5±1.6b	277.0±1.1d	277.0±0.5ab
N3	46.0±1.1f	60.5±0.4e	147.0±2.1e	188.5±2.6d	232.0±2.5de	284.0±1.8a	293.5±1.6b	296.0±0.3c

表3-4　2018年玉米生育期内株高变化

单位:cm

处理	日期(月-日)							
	06-10	06-20	06-30	07-06	07-16	07-30	08-13	08-30
Y1	46.3±2.1a	75.0±1.2a	160.3±1.7b	208.5±1.5b	242.0±1.6b	253.2±0.3bc	286.0±1.4ab	279.3±1.8a
Y2	50.0±1.5b	89.0±0.8b	167.8±1.1a	212.0±0.6b	246.7±0.4ab	260.0±0.6ab	288.0±0.2a	284.6±0.6a
Y3	56.5±0.5c	93.0±1.1c	169.5±1.7a	220.0±1.2a	252.0±2.1a	265.6±0.8a	288.0±0.9a	282.5±1.3a
N1	32.4±1.4d	54.0±0.5d	114.6±0.8c	142.7±0.9e	183.2±0.4e	221.5±0.2e	279.0±1.3b	277.2±1.6a
N2	36.5±2.2e	58.3±1.3e	128.0±1.4d	159.8±1.1d	204.5±1.8d	238.4±0.9d	283.0±0.6ab	278.4±0.4a
N3	34.7±0.2f	66.7±0.5f	147.3±1.7e	180.2±0.8c	233.5±1.2c	252.6±1.3c	285.0±1.5ab	280.6±1.6a

作用益于出苗,较浅埋滴灌处理早出苗 3~5 d,到抽雄期降雨较多,浅埋滴灌玉米生长发育较好,二者生育期同步,株高差异较小。

2015 年玉米生育期内株高变化如表 3-1 所示,膜下滴灌不同灌水处理与灌水量呈正相关,低水处理与中水处理无显著性差异($p>0.05$),中水处理低于高水处理 6%,说明灌水量小时,覆膜对株高的影响效应大于灌水对株高的影响效应,不同灌水未对株高产生影响。浅埋滴灌灌水量对株高的影响与膜下滴灌相同,中水处理、低水处理无显著性差异,高水处理高于其他处理。膜下滴灌与浅埋滴灌中水处理、低水处理无显著性差异($p>0.05$),高水处理膜下滴灌株高低于浅埋滴灌 6%,说明覆膜与否对滴灌玉米株高的影响较小。

2016 年玉米生育期内株高变化如表 3-2 所示,膜下滴灌与浅埋滴灌各处理随着灌水增加株高增加。膜下滴灌中水处理与其他 2 种处理无显著性差异($p>0.05$),浅埋滴灌中水处理与高水处理差异不显著($p>0.05$),高于低水处理 16~19 cm。膜下滴灌中水处理、高水处理与浅埋滴灌 2 种处理无显著性差异($p>0.05$),膜下滴灌低水处理高于浅埋滴灌 9 cm。说明灌水量较低时,覆膜的增温保墒作用可以有效地提高玉米株高。

2017 年玉米生育期内株高变化如表 3-3 所示,与 2016 年变化规律类似,膜下滴灌与浅埋滴灌株高与灌水量呈正相关。膜下滴灌中水处理、高水处理与浅埋滴灌无显著性差异($p>0.05$),高于低水处理 15~18 cm。浅埋滴灌中水处理与高水处理差异不显著($p>0.05$),高于低水处理 19~31 cm。膜下滴灌中水处理、低水处理较浅埋滴灌无显著性差异($p>0.05$),膜下滴灌高水处理低于浅埋滴灌 11 cm,这是由于 2017 年属于平水偏丰年,降雨量较多,浅埋滴灌玉米降雨利用率高,玉米生长旺盛。说明在降雨较多的年份浅埋滴灌玉米生长发育得更好。

2018 年玉米生育期内株高变化如表 3-4 所示,膜下滴灌与浅埋滴灌各灌水处理差异不显著($p>0.05$)。生育前期膜下滴灌与浅埋滴灌不同灌水处理株高与灌水量呈正相关,膜下滴灌与浅埋滴灌中水处理高于低水处理 4~14 cm,中水处理低于高水处理 4~8 cm,生育后期随着玉米生长差异不显著($p>0.05$)。生育前期膜下滴灌较浅埋滴灌高

21~31 cm。这是由于前期玉米未生长发育完全,作物覆盖度低,覆膜增温保墒效果显著,后期作物发育完全,覆盖度高,覆膜对株高影响减弱。2018 年属于平水偏枯年,降雨量较小,说明在降雨少的年份覆膜对作物增温保墒作用主要表现在生育前期。

3.2　滴灌条件下不同处理玉米叶面积指数变化

不同处理玉米叶面积指数变化如表 3-5~表 3-8 所示,可以看出各个水处理叶面积指数生育期变化规律一致,表现为先增大后减小的"S"形变化过程。在灌浆期达到最大,膜下滴灌最大可达到 4.002~5.864,浅埋滴灌最大为 4.026~5.479,成熟期后逐渐减小,部分叶片干枯掉落,停止光合作用。播种-拔节期(6 月 30 日以前)各处理之间无显著性差异(p>0.05),拔节期以后随着灌水、降雨的增加,不同处理之间开始出现差异,叶面积指数与灌水量呈正相关,中水处理较高水处理低 17%~25%,中水处理较低水处理高 17%~37%。对比膜下滴灌与浅埋滴灌,生育期平均叶面积指数膜下滴灌较浅埋滴灌高 13%~20%。在平水偏丰年(2017 年)降雨较多,浅埋滴灌叶面积指数高于膜下滴灌 4%~10%。

2015 年玉米叶面积指数变化如表 3-5 所示,膜下滴灌中水处理与低水处理无显著性差异(p>0.05),中水处理低于高水处理 3%;浅埋滴灌叶面积指数与灌水量呈正相关,生育期平均叶面积指数中水处理高于低水处理 24%,中水处理低于高水处理 22%。膜下滴灌处理高于浅埋滴灌处理 13%~17%。说明覆膜的增温保墒作用益于叶片生长,提高作物叶面积指数。

2016 年叶面积指数变化如表 3-6 所示,膜下滴灌中水处理与高水处理无显著性差异(p>0.05),生育期平均叶面积指数中水处理高于低水处理 23%,浅埋滴灌各处理无显著性差异(p>0.05)。生育前期,叶片未发育完全,不同灌水处理叶面积指数差异性较显著,到生育后期叶片发育完全,各处理差异不显著。膜下滴灌高于浅埋滴灌 15%~20%,说明覆膜益于叶片的生长,提高作物叶面积指数。

表 3-5　2015 年玉米叶面积指数变化

处理	日期(月-日)						
	06-05	06-20	07-05	07-20	08-05	08-20	09-05
Y1	0. 03±0. 002d	0. 638±0. 02c	2. 544±0. 01c	4. 865±0. 02b	5. 028±0. 01d	5. 399±0. 03b	4. 832±0. 02b
Y2	0. 094±0. 005c	0. 789±0. 03b	2. 632±0. 01b	4. 876±0. 02b	5. 171±0. 03b	5. 206±0. 01c	4. 844±0. 01b
Y3	0. 09±0. 003c	0. 893±0. 01a	2. 764±0. 02a	5. 063±0. 02a	5. 311±0. 02a	5. 471±0. 02a	4. 973±0. 02a
N1	0. 083±0. 01c	0. 592±0. 02c	2. 392±0. 03d	4. 787±0. 01cd	4. 992±0. 01d	5. 102±0. 02d	4. 521±0. 02d
N2	0. 155±0. 006b	0. 713±0. 03b	2. 413±0. 02d	4. 827±0. 02bc	5. 084±0. 01c	5. 214±0. 01c	4. 69±0. 03c
N3	0. 196±0. 02a	0. 764±0. 01b	2. 564±0. 02c	4. 732±0. 05d	5. 108±0. 04c	5. 396±0. 03b	4. 788±0. 02b

表 3-6　2016 年玉米叶面积指数变化

处理	日期(月-日)							
	06-10	06-23	06-30	07-06	07-19	07-30	08-13	08-20
Y1	0. 155±0. 03a	0. 407±0. 02a	2. 982±0. 02a	3. 717±0. 01a	4. 587±0. 04a	4. 601±0. 04a	4. 608±0. 02a	4. 597±0. 01a
Y2	0. 196±0. 02b	0. 445±0. 03b	3. 125±0. 05b	3. 779±0. 03b	4. 776±0. 03b	4. 837±0. 02b	4. 84±0. 02b	4. 723±0. 03b
Y3	0. 332±0. 03c	0. 466±0. 01c	3. 246±0. 01c	3. 825±0. 05b	4. 826±0. 04b	4. 854±0. 02b	4. 859±0. 01b	4. 801±0. 01b
N1	0. 03±0. 002d	0. 332±0. 02d	2. 523±0. 01d	2. 932±0. 01c	3. 923±0. 02c	4. 057±0. 03cd	4. 059±0. 02cd	3. 968±0. 02c
N2	0. 094±0. 005e	0. 374±0. 02e	2. 562±0. 03d	2. 997±0. 02c	3. 911±0. 01c	4. 02±0. 01c	4. 026±0. 03c	3. 924±0. 01c
N3	0. 09±0. 03e	0. 249±0. 02f	2. 58±0. 04d	3. 099±0. 03d	4. 068±0. 02d	4. 148±0. 02d	4. 152±0. 01d	3. 993±0. 02c

表 3-7　2017 年玉米叶面积指数变化

处理	日期(月-日)							
	06-10	06-23	06-30	07-06	07-19	07-30	08-13	08-20
Y1	0. 097±0. 005a	0. 437±0. 02a	1. 142±0. 03a	2. 073±0. 05a	3. 314±0. 03e	4. 090±0. 02a	4. 002±0. 05a	3. 961±0. 04a
Y2	0. 135±0. 03b	0. 608±0. 01b	1. 622±0. 01b	2. 449±0. 02b	3. 764±0. 02d	4. 340±0. 02b	4. 327±0. 03b	4. 312±0. 03b
Y3	0. 152±0. 02c	1. 423±0. 02c	3. 368±0. 02c	3. 861±0. 02c	3. 983±0. 01b	4. 568±0. 02c	4. 557±0. 03c	4. 444±0. 03c
N1	0. 051±0. 002d	0. 381±0. 01d	1. 479±0. 04d	2. 206±0. 03d	3. 217±0. 02e	4. 020±0. 02a	4. 150±0. 04d	4. 148±0. 01d
N2	0. 056±0. 004e	0. 499±0. 03e	2. 349±0. 03e	3. 227±0. 02e	4. 579±0. 02c	4. 901±0. 02d	4. 866±0. 01e	4. 804±0. 01e
N3	0. 070±0. 006f	0. 51±0. 01e	2. 624±0. 01f	4. 033±0. 02f	4. 473±0. 02a	4. 771±0. 02e	4. 617±0. 03c	4. 651±0. 02f

表 3-8　2018 年玉米叶面积指数变化

处理	日期(月-日)							
	06-10	06-20	06-30	07-06	07-16	07-30	08-13	08-30
Y1	0. 122±0. 02c	0. 756±0. 03d	2. 847±0. 04d	4. 360±0. 02c	4. 923±0. 02c	4. 821±0. 01e	5. 017±0. 01d	4. 986±0. 03c
Y2	0. 157±0. 03b	1. 023±0. 03c	3. 199±0. 03c	4. 802±0. 02b	5. 377±0. 04b	5. 346±0. 01c	5. 324±0. 02c	5. 301±0. 03b
Y3	0. 189±0. 02a	1. 462±0. 05a	3. 973±0. 03a	5. 139±0. 06a	5. 750±0. 07a	5. 864±0. 02a	5. 801±0. 03a	5. 597±0. 01a
N1	0. 051±0. 003f	0. 504±0. 02e	2. 440±0. 02e	3. 956±0. 01d	4. 646±0. 03d	4. 714±0. 03f	4. 734±0. 01e	4. 726±0. 01d
N2	0. 063±0. 002e	0. 983±0. 03c	2. 887±0. 01d	4. 361±0. 02c	4. 933±0. 02c	4. 912±0. 03d	4. 943±0. 03f	4. 679±0. 05e
N3	0. 082±0. 006d	1. 219±0. 02b	3. 576±0. 01b	4. 864±0. 03b	5. 389±0. 03b	5. 442±0. 05b	5. 479±0. 04b	5. 283±0. 02b

2017 年玉米叶面积指数变化如表 3-7 所示，膜下滴灌叶面积指数与灌水量呈正相关，生育期平均叶面积指数中水处理高于低水处理 21%，中水处理低于高水处理 23%。浅埋滴灌中水处理最大，高于其他 2 种处理 15%。生育前期中水处理低于高水处理，随着降雨增多，中水处理的土壤含水率最适合作物生长发育，故中水处理叶片生长速率大于其他处理。浅埋滴灌生育期平均叶面积指数高于膜下滴灌 13%～17%，生育前期膜下滴灌增温保墒效果较好，膜下滴灌叶片生长优于浅埋滴灌，随着降雨的增多，浅埋滴灌玉米降雨利用率高，叶片生长速率逐渐高于膜下滴灌。2017 年属于平水偏丰年，降雨较多，浅埋滴灌深层根系可以吸收深层土壤入渗的降雨，叶面积指数高于膜下滴灌。

2018 年玉米叶面积指数变化如表 3-8 所示，膜下滴灌与浅埋滴灌叶面积指数与灌水量呈正相关，生育期平均叶面积指数中水处理高于低水处理 17%～24%，中水处理低于高水处理 25%～30%。膜下滴灌生育期平均叶面积指数高于浅埋滴灌 13%～15%。2018 年属于平水偏枯年，降雨量较小，覆膜增温保墒效果显著，益于叶片生长，提高滴灌玉米叶面积指数。

3.3　滴灌条件下玉米根系变化

根系分布情况见图 3-1(图 3-1 中根系分布数据为 2017～2018 年平均值)。根系分布主要受土壤水分的影响。生育前期，由于降雨较少，膜下滴灌水分分布较均匀，浅埋滴灌浅层土壤含水率较低。膜下滴灌与浅埋滴灌的土壤水分分布不同，受土壤水分分布影响，根系分布有明显差异，这也为以后根系的生长发育奠定了基础。拔节期，膜下滴灌根量主要集中在 25 cm 土体内，占全部根量的 75.88%，根系生长中心位于距滴灌带 17.5 cm 的植株下方，沿水平和垂直向下根长密度逐渐降低。因为覆膜降低了浅层土壤水分蒸发，土壤水分分布较均匀，根系正常向植株下方生长并逐步向外延伸；浅埋滴灌根系生长中心向左偏移，偏向滴灌带方向，相比覆膜滴灌扎根深度明显增加，在 25 cm 土体内，根量占全部根量的 72.28%。这是由于前期棵间蒸发较大，浅埋滴灌处理浅层土壤水分较低，滴灌带下含水率较高，根系生长发生了偏移，根系分布中心位于植株与滴灌带之间距离植株 17.5 cm 处。抽雄期以后降雨较多，根系迅速增长尤其是浅埋滴灌处理，开始逐渐沿水平方向从滴灌带向植株下方生长，并向土壤深层下扎，从图 3-1 中明显可以看出，浅埋滴灌处理垂向分布更深，根系甚至可以达到 70 cm 以下土层。灌浆期，植株根系已经定型，从图 3-1 中可以看出，膜下滴灌根系表现为 25 cm 土层分布密集，沿垂向急剧降低，水平方向从滴灌带到距滴灌带 40 cm 处根系分布均匀；浅埋滴灌根系分布表现为扎根较深，比膜下滴灌根系深 10 cm，但是横向分布较窄，水平方向从距滴灌带 10 cm 处到距滴灌带 30 cm 处分布较密集。根系在土壤中窄且深的分布使得浅埋滴灌处理玉米在地下部分有更好的稳定性，降低植株倒伏的风险。相比膜下滴灌，浅埋滴灌可以利用深层土壤水分，在抽雄期以后降雨较多入渗到深层土壤时吸收深层土壤的降雨供给作物生长，提高降雨利用率。

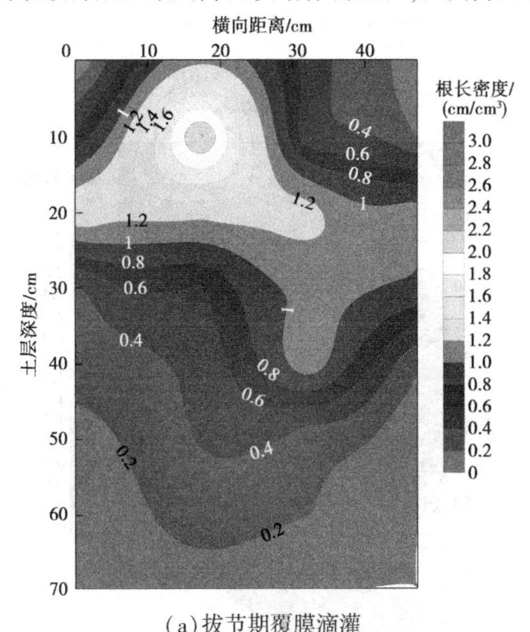

(a) 拔节期覆膜滴灌

注：横坐标轴 17.5 cm 处为植株下方，下同。

图 3-1　生育期不同灌水根长密度二维分布

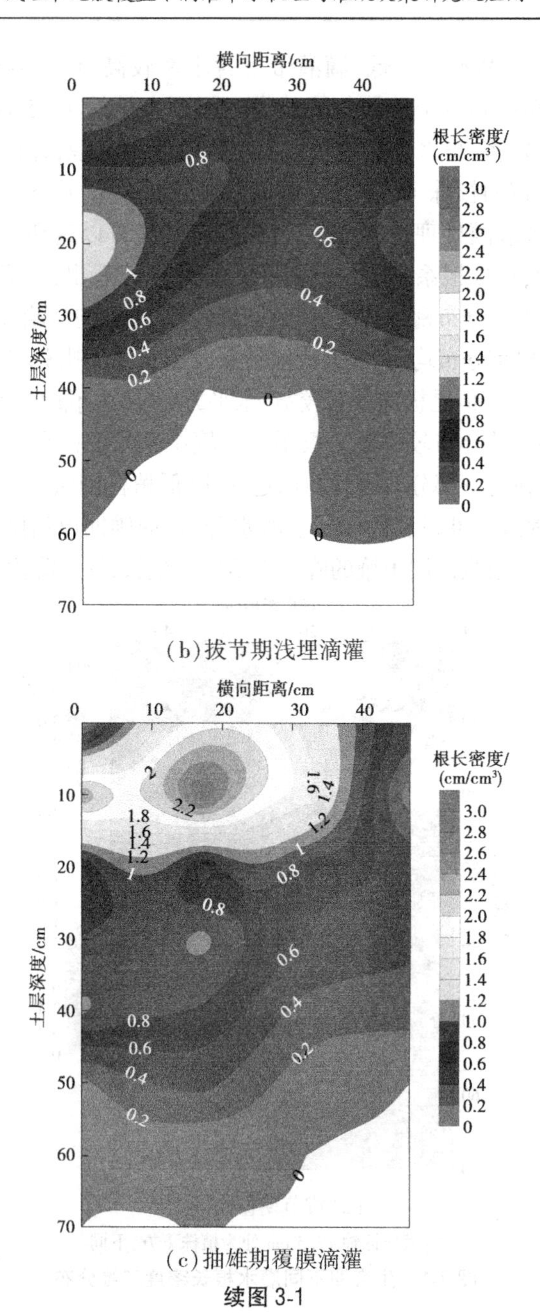

(b)拔节期浅埋滴灌

(c)抽雄期覆膜滴灌

续图 3-1

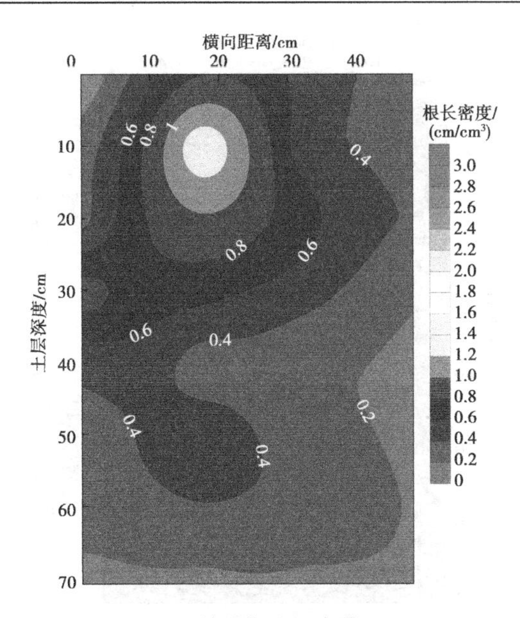

(d)抽雄期浅埋滴灌

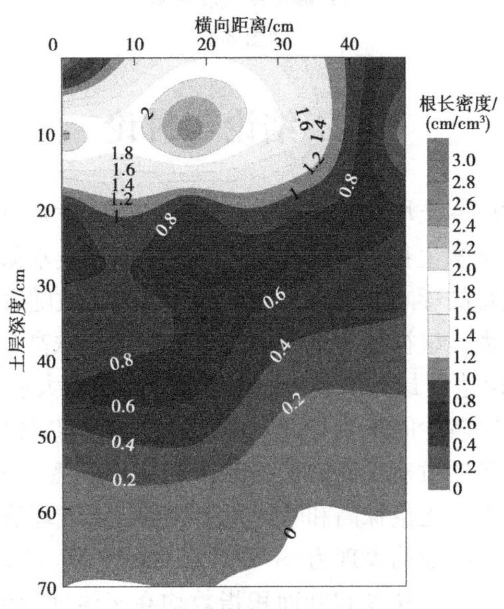

(e)灌浆期覆膜滴灌

续图 3-1

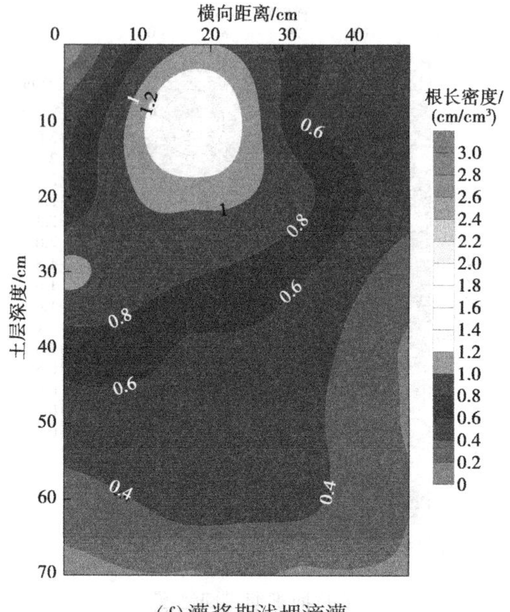

(f)灌浆期浅埋滴灌

续图 3-1

3.4 结论与讨论

覆膜通过改变土壤水热环境影响玉米的生长发育,覆膜与否、灌溉定额直接影响玉米生长指标的变化。任中生等通过水氮互作对膜下滴灌玉米生长发育的影响发现玉米株高和叶面积指数随着基质势控制水平的升高而增大。姬祥祥等研究发现生育期玉米株高呈“S”形生长曲线形式,抽穗期达到最大值,叶面积指数呈现先增大后减小的变化趋势。当灌溉定额较少时玉米受到干旱胁迫,会抑制茎秆生长,加速叶片枯萎。仲生柱等通过对比研究膜下滴灌与浅埋滴灌玉米生长动态,发现膜下滴灌条件下无论株高和叶面积指数均优于浅埋滴灌。本研究表明株高和叶面积指数均表现为“S”形生长曲线形式,灌浆期达到最大。膜下滴灌条件下玉米株高和叶面积指数均高于浅埋滴灌。但是,在平水偏丰年浅埋滴灌条件下玉米株高和叶面积指数高于膜下滴灌,这是由于平水偏丰年降雨较多,浅埋滴灌条件下无薄膜截流作用,玉米根区土壤含水率较高,玉米可以吸收更多的水分用于生长发育。

根系分布对作物生长发育和产量有重要影响。作物主要通过根系汲取生长所需的水分和养分,改变土壤中水分和养分的分布,尤其是土壤含水率对根系的生长影响更大,根系自身的生长与水土环境密切相关。根系具有向湿性,当土壤中水分分布不均时,根系会向含水率更高的方向生长,根系生长与土壤水分分布交互影响。研究表明,在生育前期适量的缺水有利于根系向土壤深层生长。相关学者研究发现根系分布总的趋势是随着土壤深度的增加,根系减少,不同灌水影响各土层深度根系分布比例。侯晨丽等研究发现膜下滴灌玉米根系主要分布在地表以下 40 cm 土层,超过 40 cm 根系比例显著减小,特别是 60 cm 以下根量仅占总根量的 3.35%。李仙岳等针对滴灌条件下立体种植农田根系分布特征研究发现根系主要分布在地表以下 30 cm 土层,占总根量的 60%~70%,密度最大区域为距地表 10 cm 以内土层,随着土层深度的增加呈线性下降。本研究表明膜下滴灌根系分布与前人研究相似,根系主要集中在 10 cm 土层以内,逐渐降低,60 cm 以下根量极低。本研究还发现浅埋滴灌根系分布较深,比膜下滴灌根系深 10 cm。膜下滴灌根系在水平方向分布较为均匀,而浅埋滴灌分布较窄,集中在距滴灌带 10~30 cm。

3.5　小　结

(1)膜下滴灌与浅埋滴灌株高中水处理比高水处理低 1%~8%,中水处理较低水处理高 2%~8%,中水处理与其他 2 种处理差异性不显著($p>0.05$)。不同灌水处理株高生育期变化基本一致,呈现拔节期前缓慢增加,拔节-灌浆期急剧增长,灌浆期以后变化平缓,达到最大值的"S"形曲线;总体上膜下滴灌在抽雄期之前显著高于浅埋滴灌 9%~20%($p<0.05$),抽雄期以后膜下滴灌与浅埋滴灌玉米株高无显著性差异($p>0.05$),特别是中水处理。研究表明,膜下滴灌处理由于薄膜的增温保墒作用益于出苗,较浅埋滴灌处理早出苗 3~5 d,到抽雄期降雨较多,浅埋滴灌玉米生长发育较好,二者生育期同步,株高差异不大。在平水偏丰年,降雨量较多,浅埋滴灌玉米降雨利用率高,玉米生长旺盛,株高高于膜下滴灌玉米。

(2)膜下滴灌与浅埋滴灌叶面积指数整体上中水处理较高水处理低17%~25%,中水处理较低水处理高17%~37%,叶面积指数与灌水量呈正相关;生育期各灌水处理变化规律与株高相同,表现为先增大后减小的"S"形变化曲线。灌浆期达到最大,膜下滴灌最大可达到4.002~6.801,浅埋滴灌最大为4.026~5.696;覆膜在出苗-拔节期对叶片增长的贡献最大,膜下滴灌条件下叶面积指数可以达到浅埋滴灌的2~4倍,随着生育期的推进,降雨增多,浅埋滴灌叶片生长迅速,与膜下滴灌差距逐渐降低,叶片发育完全以后,膜下滴灌较浅埋滴灌高13%~20%($p<0.05$)。平水偏丰年,降雨较多,浅埋滴灌处理深层根系可以吸收深层土壤水分用于生长发育,叶面积指数高于膜下滴灌处理。

(3)根系分布主要受土壤水分的影响。膜下滴灌水分分布较均匀,浅埋滴灌浅层土壤含水率较低。拔节期,膜下滴灌根系生长中心位于距滴灌带17.5 cm的植株下方,浅埋滴灌根系生长中心向左偏移,偏向滴灌带方向。抽雄期以后降雨较多,根区土壤含水率相对均匀,浅埋滴灌根系中心逐渐移回植株下方;膜下滴灌表层25 cm土体内根量占全部根量的75.88%,浅埋滴灌表层25 cm土体内根量占全部根量的72.28%。膜下滴灌根系表现为25 cm土层分布密集,沿垂向急剧降低,水平方向从滴灌带到距滴灌带40 cm处根系分布均匀。浅埋滴灌根系分布表现为扎根较深,比膜下滴灌根系深10 cm,但是横向分布较窄,水平方向从距滴灌带10 cm处到距滴灌带30 cm处分布较密集。根系在土壤中窄且深的分布使得浅埋滴灌处理玉米在地下部分有更好的稳定性,降低植株倒伏的风险。相比膜下滴灌,浅埋滴灌可以利用深层土壤水分,在抽雄期以后降雨较多入渗到深层土壤时可以吸收深层土壤的降雨供给作物生长,提高降雨利用率。

第4章　覆膜和浅埋对滴灌玉米耗水规律及产量构成因子的影响机理

通过田间玉米滴灌试验,分析研究滴灌条件不同水分处理玉米各生育期的耗水量、地温的动态变化和产量,以便明确玉米各生育期的需水规律。需水规律是大田作物其他各项研究的基础,对作物产量、蒸腾蒸发、降雨利用效率、水分生产效率以及灌溉制度等的研究都离不开作物需水规律。覆膜与否,不同的灌水量会对土壤温度产生不同的影响。本书通过试验观测各处理不同时期土壤温度,研究灌水对土壤温度影响机理,土壤温度变化对作物的生长影响机理。同时通过对需水规律、土壤温度和产量的研究,探究滴灌玉米节水机理。

4.1　滴灌条件下不同处理玉米耗水规律研究

2015~2018年不同处理下滴灌玉米各生长阶段平均耗水量见表4-1,膜下滴灌与浅埋滴灌不同灌水处理生育期耗水规律一致,呈现先增大后减小的余弦函数变化规律,抽雄-灌浆期达到峰值,耗水量为112.4~142.0 mm。耗水量与灌溉定额呈正相关,中水处理高于低水处理7%~9%,中水处理低于高水处理5%~6.5%;生育期总耗水量膜下滴灌较浅埋滴灌低9%,播种-出苗阶段膜下滴灌较浅埋滴灌低7%~8%,出苗-拔节阶段膜下滴灌较浅埋滴灌低16%~23%,拔节-抽雄阶段膜下滴灌较浅埋滴灌高1%~7%,抽雄-灌浆阶段膜下滴灌较浅埋滴灌低8%~10%,灌浆-成熟阶段膜下滴灌较浅埋滴灌低1%~9%。覆膜在玉米生长发育旺盛的出苗-拔节期和作物籽粒干物质积累的抽雄-灌浆期可以有效降低作物耗水量,具有明显的节水效果。平水偏枯年降雨量较少,各生长阶段耗水量膜下滴灌低于浅埋滴灌9%,在降雨较多的平水偏丰年,拔节-抽雄阶段膜下滴灌耗水量高于浅埋滴灌,耗水强度却低于浅埋滴灌9%~15%(见图4-1),其他生长阶段膜下滴灌耗水低于浅埋滴灌。说明在拔节-抽雄阶段浅埋滴灌玉米生长旺盛，该生长阶段浅埋滴灌经历天数比膜下滴灌少 3～5 d。这是由于膜下滴灌前期增温保墒效果明显，使生育期提前 3～5 d，拔节-抽雄阶段随着降雨增加，浅埋滴灌对降雨利用率高，玉米生长速率大于膜下滴灌玉米，膜下滴灌玉米与浅埋滴灌玉米同时进入抽雄期。2017 年 8 月 3 日降雨量达到 122 mm，耗水量计算时需要考虑深层渗漏和地表径流，由于土层研究深度为 100 cm，雨后含水率 80～100 cm，含水率无变化，故未产生深层渗漏。该地区地势平坦，上层土壤透水性较好，耗水量计算时段为雨后 24 h，未产生地表径流。

表 4-1　2015～2018 年不同处理下滴灌玉米各生长阶段平均耗水量

处理	时间	播种-出苗	出苗-拔节	拔节-抽雄	抽雄-灌浆	灌浆-成熟	全生育期
Y1	阶段耗水量/mm	37.6	71.5	97.6	112.4	64.8	383.9
	日耗水量/(mm/d)	1.7	1.8	4.0	4.0	1.9	2.6
Y2	阶段耗水量/mm	35.0	81.1	106.1	124.1	67.8	414.1
	日耗水量/(mm/d)	1.6	2.1	4.4	4.4	2.0	2.8
Y3	阶段耗水量/mm	35.3	97.4	111.5	128.0	68.8	441.0
	日耗水量/(mm/d)	1.6	2.5	4.6	4.5	2.1	3
N1	阶段耗水量/mm	37.3	92.5	91.2	122.6	71.5	415.1
	日耗水量/(mm/d)	1.5	2.2	4.4	4.6	2.2	2.8
N2	阶段耗水量/mm	38.4	101.7	104.4	138.4	73.9	456.8
	日耗水量/(mm/d)	1.6	2.4	5.1	5.2	2.3	3.1
N3	阶段耗水量/mm	38.0	116.6	110.8	142.0	70.2	477.6
	日耗水量/(mm/d)	1.6	2.8	5.4	5.3	2.1	3.3

2015 年膜下滴灌与浅埋滴灌耗水强度中水处理高于低水处理 5%、13%，中水处理低于高水处理 7%、9%，相同灌水处理下膜下滴灌低于浅埋滴灌 9%～19%。2016 年中水处理高于低水处理 7%、12%，中水处理低于高水处理 2%、12%，相同灌水处理下膜下滴灌低于浅埋滴

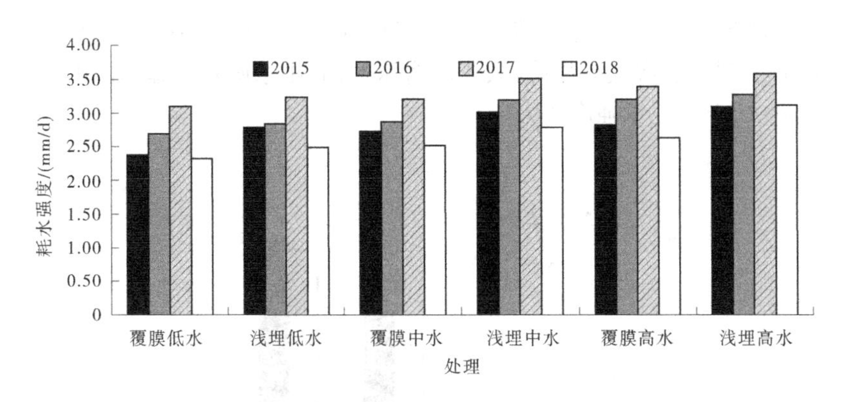

图4-1 2015~2018年不同处理下滴灌玉米耗水强度

灌5%~9%。2017年中水处理高于低水处理3%、8%,中水处理低于高水处理2%、6%,相同灌水处理下膜下滴灌低于浅埋滴灌4%~9%。2018年中水处理高于低水处理9%、12%,中水处理低于高水处理4%、12%,相同灌水处理下膜下滴灌低于浅埋滴灌6%~15%。各年份中生育期耗水与灌水量呈正相关,平水偏丰年降雨量大,膜下滴灌与浅埋滴灌耗水量差值较小;平水偏枯年降雨量小,膜下滴灌与浅埋滴灌耗水量差值较大。说明在降雨量更小的平水偏枯年,覆膜更能发挥优势,降低生育期耗水量,节水效果更好。

2015年各生育期耗水强度表现为先升高后降低的变化趋势,抽雄-灌浆期达到最大值,膜下滴灌与浅埋滴灌分别为5.86 mm/d、6.09 mm/d,各生育期膜下滴灌条件下耗水强度低于浅埋滴灌。2016年各生育期耗水强度表现为先升高后降低再升高的变化趋势,由于生育中后期降雨较多,拔节期以后耗水强度均较高。拔节之前膜下滴灌条件下耗水强度高于浅埋滴灌,这是由于前期覆膜增温保墒效果好,作物生长发育优于浅埋滴灌,作物蒸腾蒸发量大。2017年抽雄-灌浆期各处理达到最大值,膜下滴灌与浅埋滴灌耗水强度分别为6.11 mm/d、7.48 mm/d,拔节-抽雄期和灌浆-成熟期浅埋滴灌条件下耗水强度低于膜下滴灌,这是由于在这两个阶段,膜下滴灌玉米植株大量吸水用于作物蒸腾,膜下滴灌蒸腾蒸发量较大。2018年拔节-抽雄期达到最大值,膜下滴灌与浅埋滴灌耗水强度分别为4.12 mm/d、5.89 mm/d,各生育期膜下滴灌条件下耗水强度低于浅埋滴灌(见图 4-2)。2016 年 7 月下旬以后出现了多次大规模降雨,土壤含水率高,根系吸水旺盛,作物蒸腾速率大,玉米耗水强度较大。

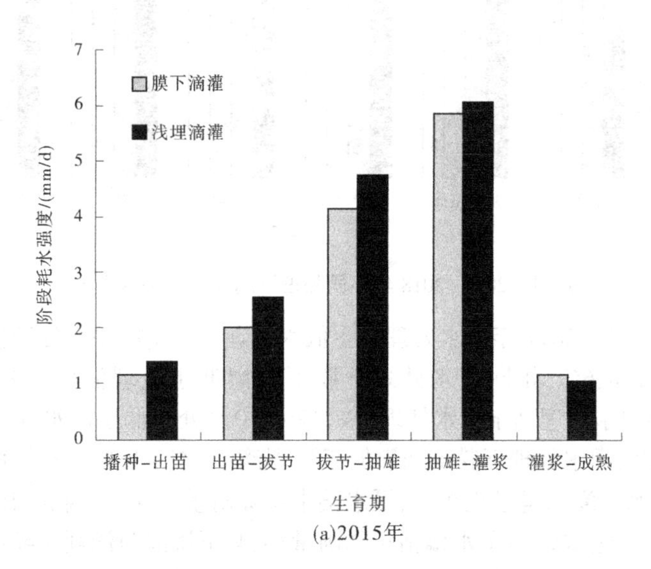

(a)2015年

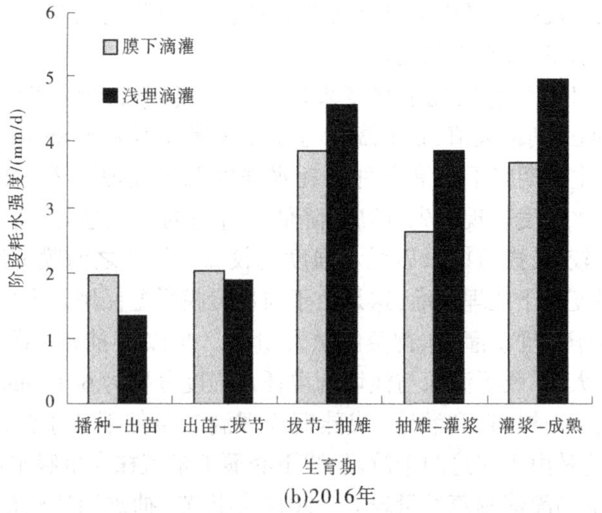

(b)2016年

图 4-2　2015~2018 年滴灌玉米各生长阶段耗水强度

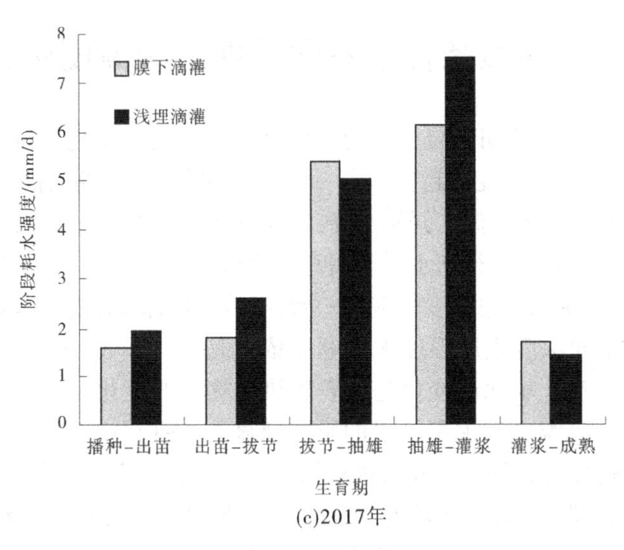

(c)2017年

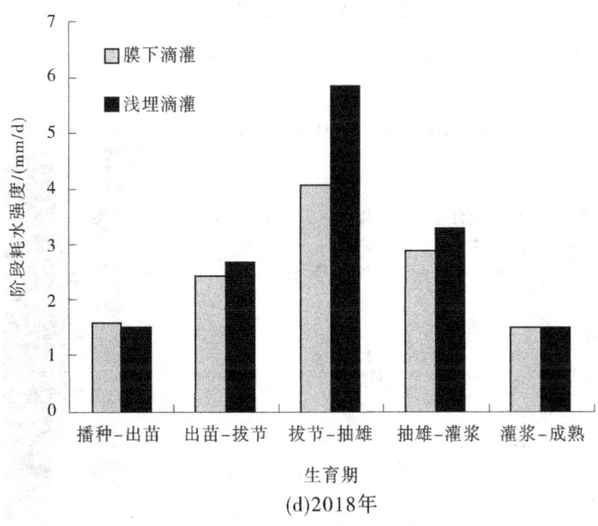

(d)2018年

续图 4-2

4.2　滴灌条件下不同处理土壤温度研究

图 4-3 为生育期不同土层的土壤日平均温度的变化,可以看出各年份在整个生育期变化趋势基本一致。前期随着生育期的推进呈增加趋势,而在 8 月下旬温度开始下降,这与不同生长阶段外界气温及太阳辐射日变化相关,进行灌水时土壤温度会降低 1 ℃左右。无论覆膜与否生育期土壤温度总体变化趋势一致,随着土层深度增加,土壤温度逐渐降低,不同深度土层温度大小顺序依次是 5 cm>10 cm>15 cm>20 cm,不同深度土壤地温变化是地表散热吸热动态变化结果,土层深度越浅,受大气温度和太阳辐射的影响越显著,在白昼吸热作用更加剧烈,温度较高,到了夜间,开始进行散热活动。由于薄膜的保温效果减弱了热量的散失,浅层土壤的温度维持在较高的水平,膜下滴灌处理随着土层深度增加,土壤温度降低幅度更大,20 cm 土层较 5 cm 土层温度低 3~5 ℃;浅埋滴灌土壤温度降低幅度较小,20 cm 土层较 5 cm 土层

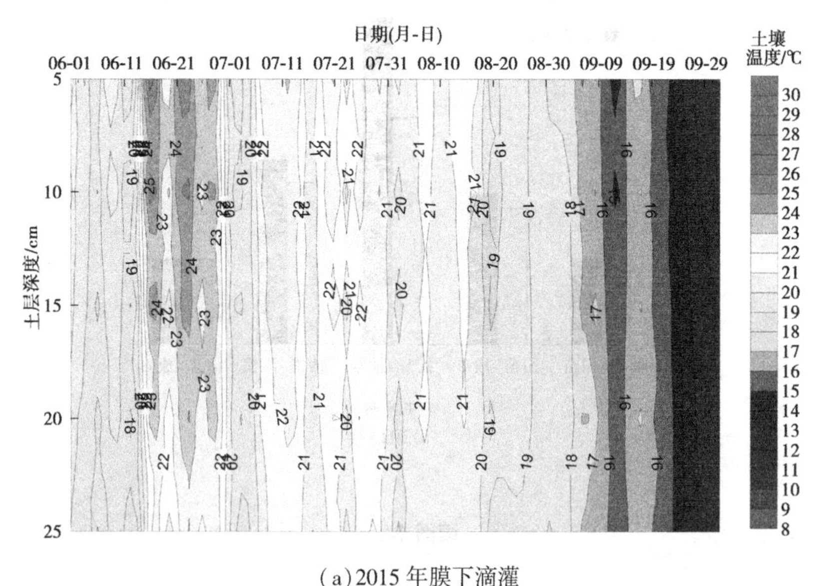

(a)2015 年膜下滴灌

图 4-3　生育期土壤地温变化

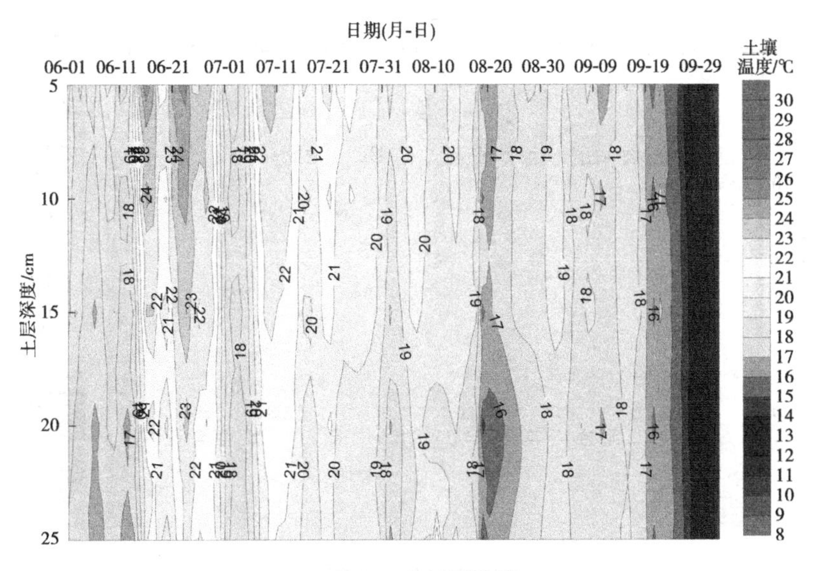

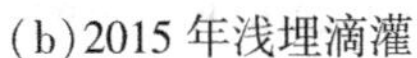
(b)2015年浅埋滴灌

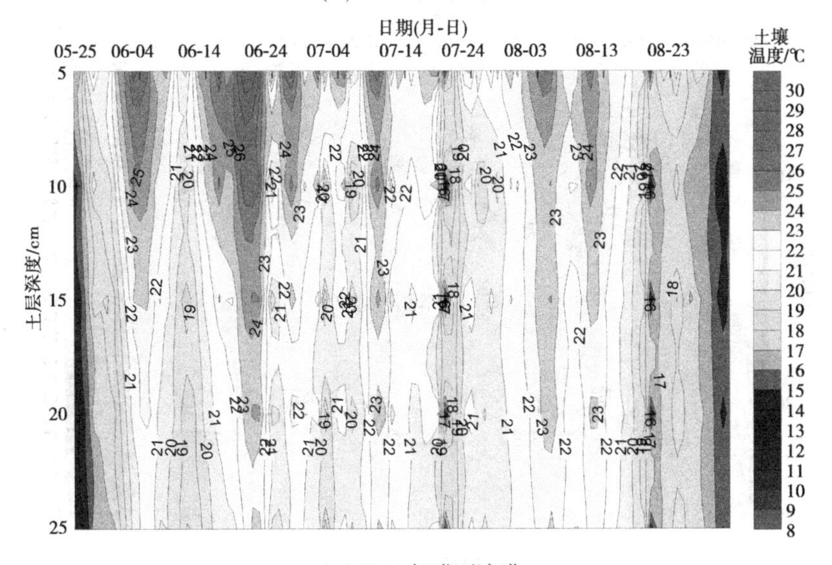

(c)2016年膜下滴灌

续图4-3

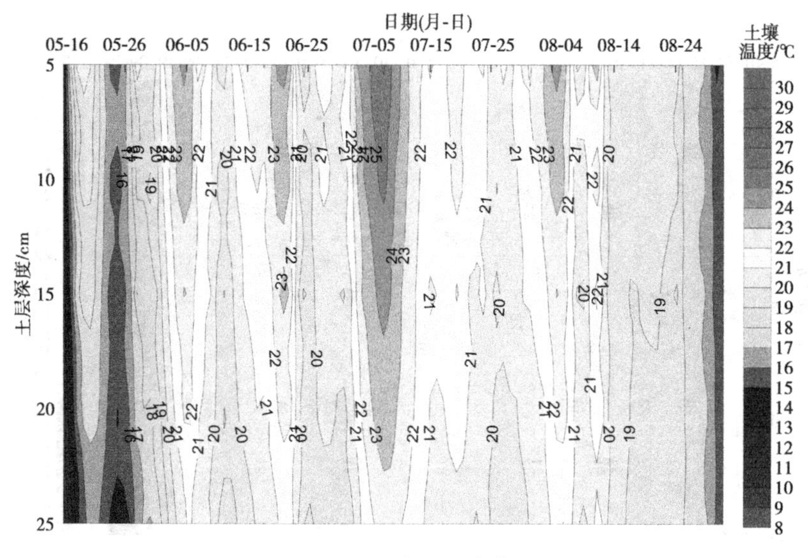

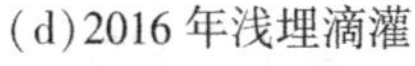
(d)2016 年浅埋滴灌

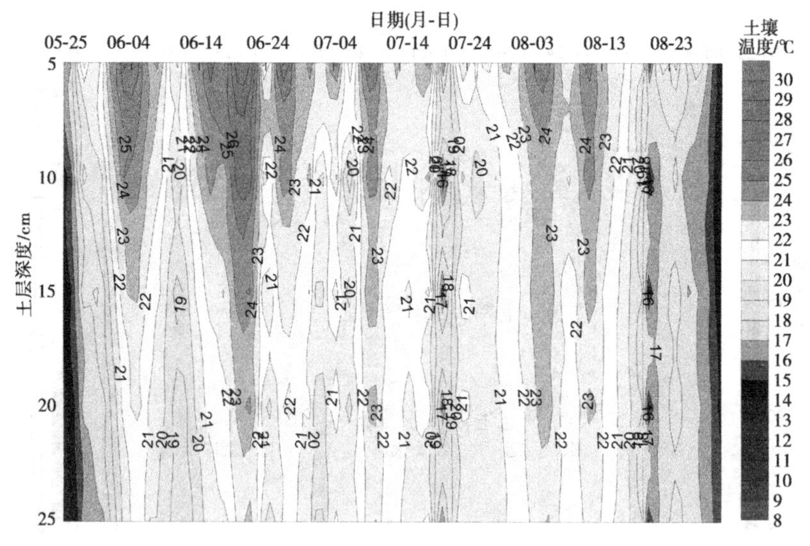

(e)2017 年膜下滴灌

续图 4-3

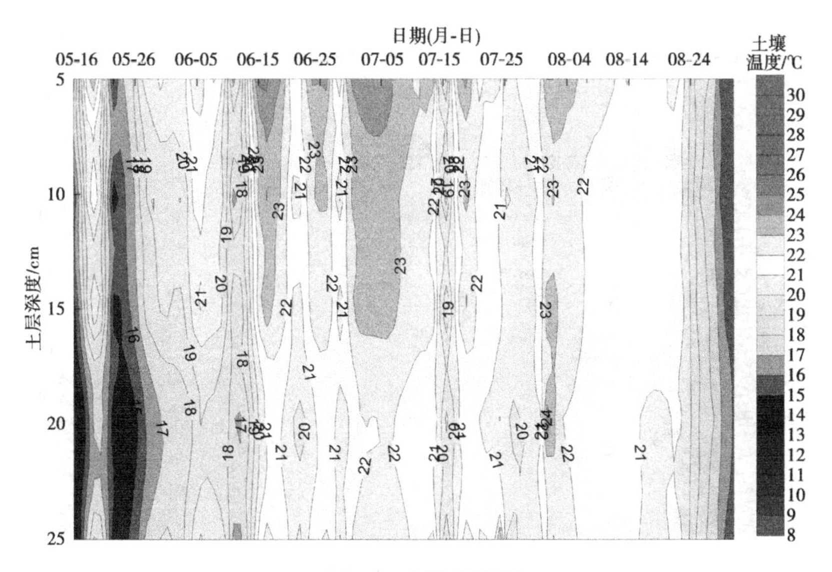

(f)2017 年浅埋滴灌

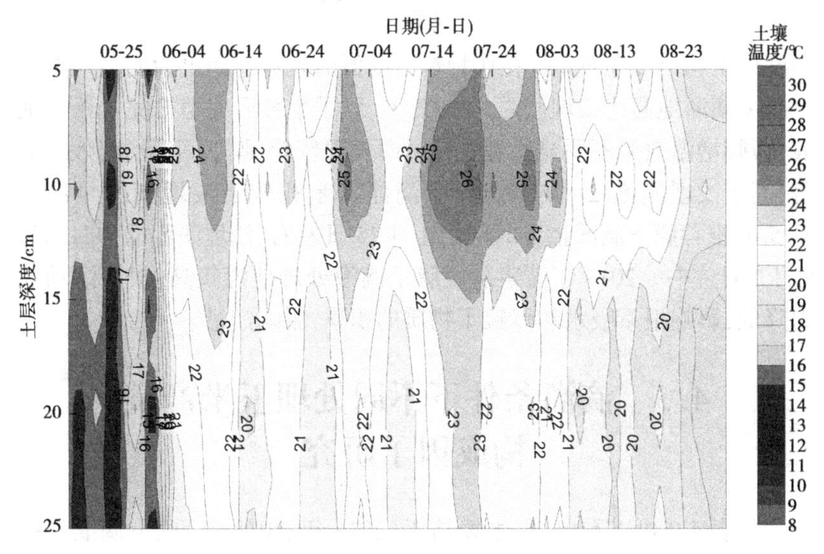

(g)2018 年膜下滴灌

续图 4-3

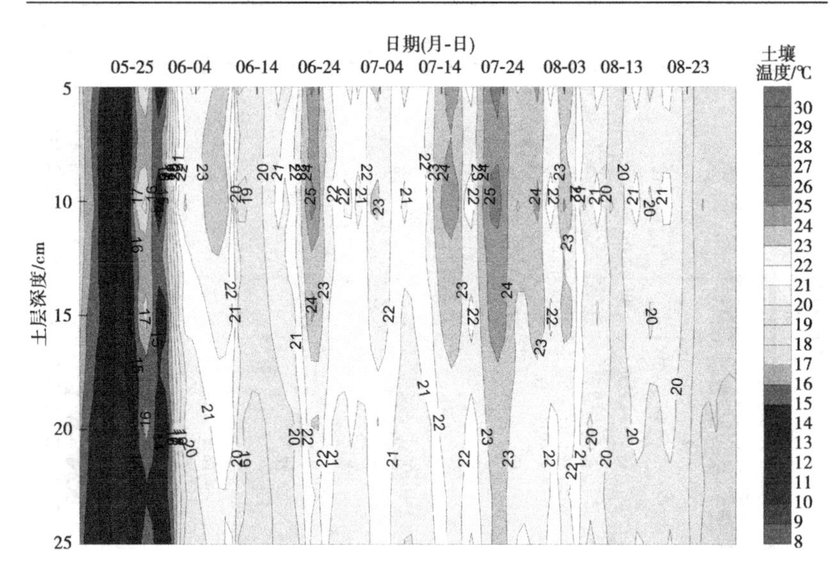

(h)2018 年浅埋滴灌

续图 4-3

温度低 1~3 ℃,这种差异在作物覆盖度低的生育前期更为明显。整体上膜下滴灌地温比浅埋滴灌高 1~2 ℃,到了生育后期植株完全覆盖地表,薄膜增温效果不明显。春季播种时气温较低,膜下滴灌增温效果显著,高于浅埋滴灌 2~4 ℃。膜下滴灌玉米相较于浅埋滴灌早出苗 3~5 d,推荐膜下滴灌播种时间为 4 月 25 日左右,浅埋滴灌播种时间为 5 月 1 日左右。2017 年灌浆阶段膜下滴灌处理地温较高,根系活动能力降低,影响根系吸水和籽粒干物质的积累,影响产量。

4.3 滴灌条件下不同处理玉米产量构成因子研究

从表 4-2 可以看出,平水偏枯年(2015 年、2018 年)膜下滴灌产量高于浅埋滴灌 7%~15%,2015 年低水处理两者无显著性差异。平水偏丰年(2016 年、2017 年)膜下滴灌产量低于浅埋滴灌 6%~19%($p<0.05$)。抽雄期以后(7 月下旬)玉米籽粒开始进行干物质积累,土壤

水分对产量的影响至关重要,2015～2018 年抽雄期后降雨量分别为 100.7 mm、152.0 mm、228.8 mm、119.0 mm。2016 年、2017 年后期降雨较多,浅埋滴灌玉米无薄膜截流作用,土壤水分可以充分满足玉米对水分的需求,膜下滴灌玉米由于薄膜覆盖一部分水分被拦截,导致根区水分低于浅埋滴灌,不能充分供给玉米籽粒的积累,造成膜下滴灌玉米产量低于浅埋滴灌;2015 年、2018 年抽雄期以后降雨量较小,土壤水分不充足,这时薄膜的保墒效果作用明显,薄膜可以降低土壤水分蒸发,膜下滴灌较浅埋滴灌土壤水分更加充足,益于玉米籽粒的积累,产量较高。说明覆膜在后期降雨较小时保墒效果显著,当降雨较多时覆膜保墒效果不明显,甚至会由于截流作用影响产量。

表 4-2　2015～2018 年不同处理玉米产量　　单位:kg/hm^2

处理	2015 年	2016 年	2017 年	2018 年
Y1	12 081a	11 959a	11 483a	11 402a
Y2	14 886b	12 271b	11 687a	12 076b
Y3	15 230c	12 471b	13 021b	12 838c
N1	11 970a	13 322c	12 239c	10 526d
N2	12 885d	14 711d	14 177d	10 934e
N3	13 170d	14 814d	13 838e	11 988b

各年份无论覆膜与否,整体上随着灌水量的增加,产量增大。中水处理较高水处理产量低 2%～5%,中水处理较低水处理产量高 8%～9%。2017 年中水处理产量高于高水处理 2%($p>0.05$),这是由于 2017 年降雨量较大,在籽粒干物质积累的重要阶段,降雨量达到 178 mm,高水处理过度潮湿的水土环境会造成玉米倒伏和病虫害等,影响产量。因此,在降雨量较大时,灌水较多,土壤水分过盛,可能会造成一定程度的减产。

玉米百粒重变化规律见表 4-3。膜下滴灌比浅埋滴灌高 2%～13%,2017 年膜下滴灌比浅埋滴灌低 7%～20%。随着灌水量的增加,百粒重增大。高水处理高于中水处理 3%~5%,中水处理较低水处理高 2%~6%。

表 4-3　2015~2018 年不同处理玉米百粒重　　单位:g

处理	2015 年	2016 年	2017 年	2018 年
Y1	36.53d	35.36f	38.97e	37.74c
Y2	37.43c	38.48ab	36.53f	39.09b
Y3	40.61a	38.82a	40.02d	40.14a
N1	34.40e	36.47de	42.27c	33.59e
N2	38.10c	37.78bc	45.74a	34.53d
N3	39.63b	37.18cd	43.81b	38.64b

表 4-4 为不同处理玉米穗粒数变化,各年份穗粒数变化与产量变化基本相似,2015 年、2018 年,膜下滴灌较浅埋滴灌处理高 9%~11%,2016 年、2017 年膜下滴灌较浅埋滴灌低 9%~14%。随着灌水量的增大,高水处理高于中水处理 3%~5%,中水处理比低水处理高 8%~9%。不同灌水处理差异性显著($p<0.05$)。

表 4-4　2015~2018 年不同处理玉米穗粒数　　单位:粒/株

处理	2015 年	2016 年	2017 年	2018 年
Y1	624c	640e	561d	600c
Y2	636b	651d	582c	627b
Y3	645a	697b	605b	634a
N1	615d	667c	586c	571e
N2	633b	699b	606b	582d
N3	651a	707a	629a	601c

4.4 结论与讨论

膜下滴灌与浅埋滴灌玉米生育期耗水呈先升高后降低的变化趋势,抽雄-灌浆期达到峰值。祁鸣笛等在东北地区研究发现膜下滴灌与浅埋滴灌耗水规律也呈现出生长初期、后期小,生长中期大的先增后降趋势。司昌亮等在吉林西部研究发现相似的结论,膜下滴灌玉米灌浆期耗水量最高,成熟期最低。2016年成熟期膜下滴灌与浅埋滴灌耗水强度均较高,这是由于2016年7月下旬以后出现了多次大规模降雨,玉米耗水强度较大。覆膜可以有效降低玉米耗水量,生育期总耗水膜下滴灌较浅埋滴灌低9%。

地膜覆盖能够提高土壤温度,特别是在春季气温低的西辽河平原区。覆膜可以提供良好的水热环境,有益于出苗,本研究表明膜下滴灌玉米相较于浅埋滴灌玉米可早出苗3~5 d。覆膜栽培可以提高生育期平均地温1~2 ℃,增温保墒作用显著促进作物长势及增产效果。作物产量的高低由干物质积累与转运两个因素决定。高产玉米主要依靠花后期较高的光合作用积累籽粒灌浆物质。黄智鸿等研究高产玉米干物质积累与转运能力时发现,玉米产量积累主要取决于生育后期籽粒干物质的积累,生育后期对玉米产量积累贡献率可达到78%~84%。本研究发现平水偏丰年后期降雨较多,浅埋滴灌无薄膜截流作用,降雨可直接进入根区土壤,根区土壤含水率较高,玉米根系分布较深可以吸收更多的水分用于籽粒干物质的积累,产量高于膜下滴灌玉米。平水偏丰年膜下滴灌玉米产量低于浅埋滴灌的6%~19%。

4.5 小结

(1)生育期总耗水量膜下滴灌较浅埋滴灌低9%。出苗-拔节期和抽雄-灌浆期膜下滴灌与浅埋滴灌相差最大,分别为16%~23%和8%~10%,覆膜在玉米生长发育旺盛的出苗-拔节期和作物籽粒干物质积累的抽雄-灌浆期可以有效降低作物耗水量,具有明显的节水效果;膜下滴灌与浅埋滴灌相比,中水处理高于低水处理 7%~9%,中水处理低于高水处理 5%~6.5%,耗水量与灌溉定额呈正相关。

(2)膜下滴灌生育期平均地温较浅埋滴灌高 1~2 ℃。春季播种时气温较低,膜下滴灌增温效果显著,高于浅埋滴灌 2~4 ℃。膜下滴灌玉米相较于浅埋滴灌早出苗 3~5 d,推荐膜下滴灌播种时间为 4 月 25 日左右,浅埋滴灌播种时间为 5 月 1 日左右。2017 年灌浆阶段膜下滴灌处理地温较高,根系活动能力降低,影响根系吸水和籽粒干物质的积累,影响产量。

(3)平水偏枯年(2015 年、2018 年)抽雄期以后降雨量较小,土壤水分不充足,薄膜的保墒效果作用明显,薄膜可以降低土壤水分蒸发,益于玉米籽粒的积累,膜下滴灌处理产量高于浅埋滴灌 7%~15%。平水偏丰年(2016 年、2017 年)后期降雨较多,浅埋滴灌无薄膜截流作用,降雨利用率高,土壤水分可以充分满足玉米对水分的需求,膜下滴灌由于薄膜覆盖一部分水分被拦截,导致根区水分低于浅埋滴灌,不能充分供给玉米籽粒的吸收,膜下滴灌玉米的产量低于浅埋滴灌 6%~19%;2015~2018 年玉米平均百粒重膜下滴灌比浅埋滴灌高 2%~13%。其中,2017 年膜下滴灌比浅埋滴灌低 7%~20%。中水处理低于高水处理 3%~5%,中水处理较低水处理高 2%~6%;玉米穗粒数,2015 年、2018 年膜下滴灌较浅埋滴灌高 9%~11%,2016 年、2017 年膜下滴灌较浅埋滴灌低 9%~14%。中水处理低于高水处理 3%~5%,中水处理比低水处理高 8%~9%。

第5章　覆膜和浅埋对滴灌玉米蒸腾蒸发规律的影响机理

5.1　滴灌条件下玉米棵间蒸发逐日变化

图5-1是2015~2018年玉米测定并换算成的单位面积棵间土壤蒸发量的日变化过程，E为棵间土壤蒸发量，mm/d。从图5-1中可以看出，玉米棵间土壤蒸发受到许多因素的影响，如土壤供水状况、灌水湿润方式、作物生长发育和大气蒸发力等，总体上各年份无论覆膜与否，均为播种-拔节期较高，然后逐渐降低。作物棵间土壤蒸发在生育期内的变化曲线呈现脉冲状变化，其中波动变化较大主要是由降雨和灌水造成的。比较膜下滴灌和浅埋滴灌的棵间土壤蒸发，在玉米生育前期无作物覆盖，浅埋滴灌棵间蒸发显著大于膜下滴灌，灌水后膜下滴灌由于薄膜阻断了土壤和空气的水分交换，2015~2016年较浅埋滴灌低28%~65%，2017~2018年较浅埋滴灌低73%~90%。这是由于2015~2016年前期膜下滴灌和浅埋滴灌的灌水时间、灌水定额基本相当，膜下滴灌与浅埋滴灌棵间蒸发相差较小；在此基础上，对灌溉制度进行了优化，2017~2018年膜下滴灌和浅埋滴灌的灌水时间相同，浅埋滴灌灌水定额增大，使得浅埋滴灌棵间蒸发与膜下滴灌相差较大。生育中后期(抽雄期以后)株高和叶面积指数(LAI)达到最大，试验田被作物完全遮蔽“封垄”，浅埋滴灌与膜下滴灌无显著性差异($p>0.05$)。试验表明，2015~2018年膜下滴灌生育期平均棵间土壤蒸发量为112.8 mm、浅埋滴灌为150.6 mm。膜下滴灌较浅埋滴灌低25%。

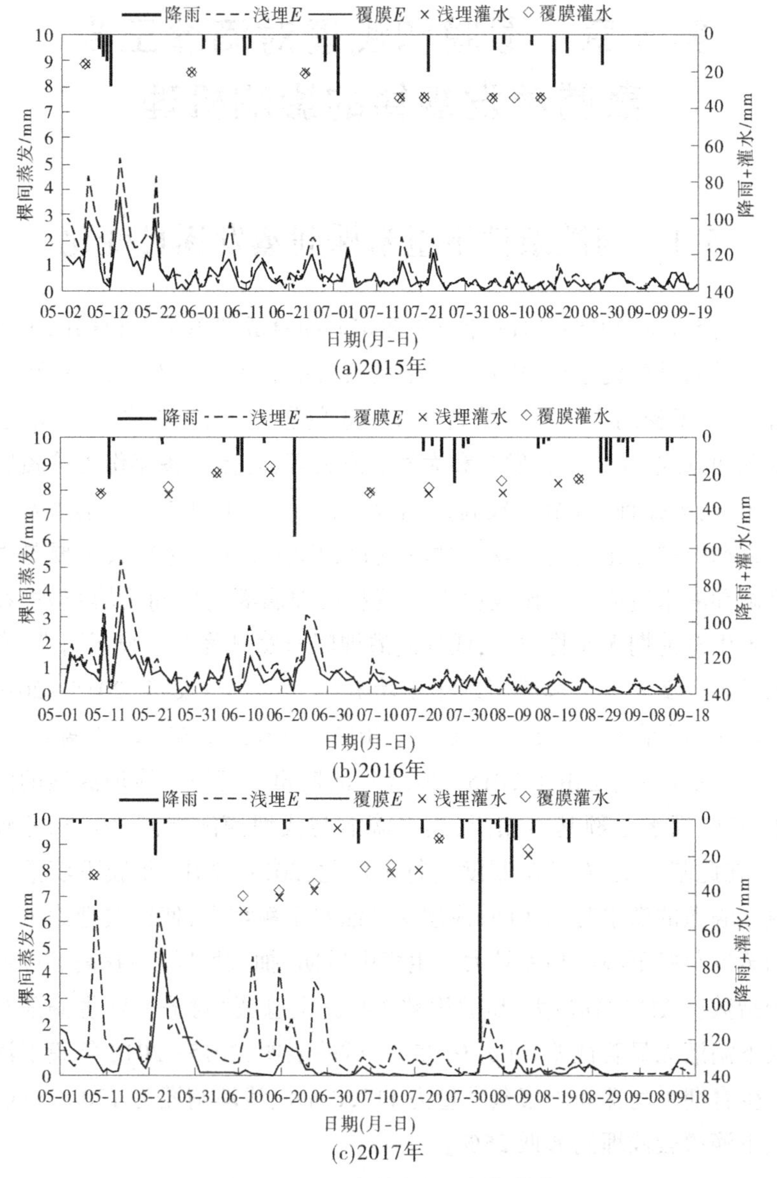

图 5-1　不同年份各处理棵间蒸发

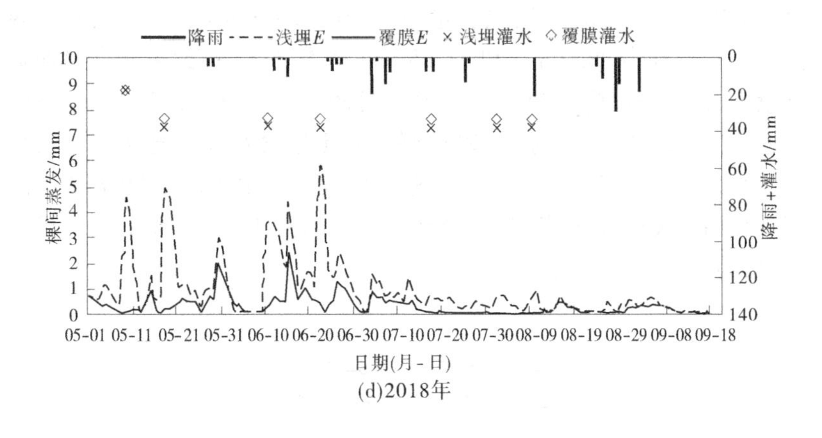

(d)2018年

续图 5-1

5.2　滴灌条件下玉米蒸腾蒸发规律

2017 年与 2018 年为具有代表性的年份,2017 年为平水偏丰年,降雨较多且有一次暴雨,2018 年为平水偏枯年,降雨量较少,滴灌玉米生育期各阶段蒸腾蒸发规律如图 5-2 所示。播种-拔节阶段玉米从发芽到叶片开始生长,作物植株覆盖度低,此时作物耗水以棵间蒸发为主;播种-出苗阶段叶片还未生长,蒸腾量较低,灌水、降雨较少,该阶段膜下滴灌、浅埋滴灌棵间蒸发量相对于苗期-拔节期较少,且无显著性差异。出苗以后到了玉米需水关键期,随着灌水次数增多,各处理玉米棵间蒸发量均达到最大值,膜下滴灌由于薄膜覆盖棵间蒸发速率仅为 0.7 mm/d。抽雄期以后,玉米各项生育指标达到最大值,试验小区植株覆盖度达到最大,开始由营养生长转为生殖生长,玉米棵间蒸发降低,此时作物耗水开始以植株蒸腾为主,蒸腾量均开始逐渐增加,灌浆期时达到最大,灌浆阶段为玉米籽粒积累的关键阶段,是作物产量积累的重要时期,试验表明 2017 年该阶段浅埋滴灌玉米蒸腾量达到 204 mm,比膜下滴灌高 13%,成熟期以后玉米逐渐停止生长,叶片发黄脱落,蒸腾量急剧降低,棵间蒸发量略有升高;2018 年浅埋滴灌、膜下滴灌蒸腾量分别为 88.9 mm 和 97.65 mm,差异不大,由此可知灌浆期降雨量大,浅埋滴灌降雨利用率高,作物蒸腾高是浅埋滴灌玉米产量高的主要原因。2017 年,灌浆阶段降雨较多,土壤含水率一直保持在较高的水平,作物根系吸水旺盛,蒸腾速率大,蒸腾量显著高于 2018 年。浅埋滴灌由于无薄膜截流,蒸腾量高于膜下滴灌 13%,籽粒干物质积累较多,为高产打下基础。

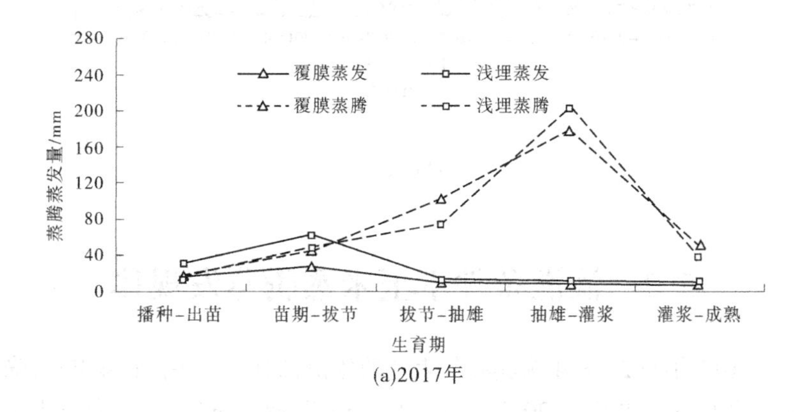

(a)2017年

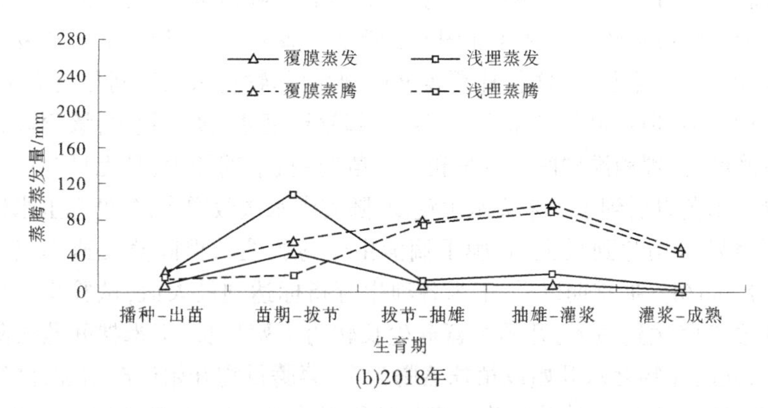

(b)2018年

图 5-2　滴灌玉米生育期各阶段蒸腾蒸发规律

5.3 滴灌条件下玉米土壤棵间蒸发占阶段耗水量的比例

2015~2018年浅埋滴灌与膜下滴灌玉米棵间土壤蒸发量占阶段耗水量的比例各年份规律基本一致(见图5-3)。浅埋滴灌由于作物覆盖度不同,生育前期与中、后期蒸发占比差异较显著。前期植株较小,覆盖度较低,棵间蒸发大,后期植株发育完全,地面被叶片完全覆盖,棵间蒸发较低。播种-出苗期平均为75%,苗期-拔节期平均为71%、拔节-抽雄期平均为19%、抽雄-灌浆期平均为14%、灌浆-成熟期平均为20%,总体呈现由高到低的变化趋势;膜下滴灌规律与浅埋滴灌类似,播种-出苗期平均为47%、苗期-拔节期平均为36%、拔节-抽雄期平均为10%、抽雄-灌浆期平均为9%、灌浆-成熟期平均为10%,由于膜下滴灌薄膜覆盖有效减少了棵间蒸发,生育前期与中、后期的差异明显小

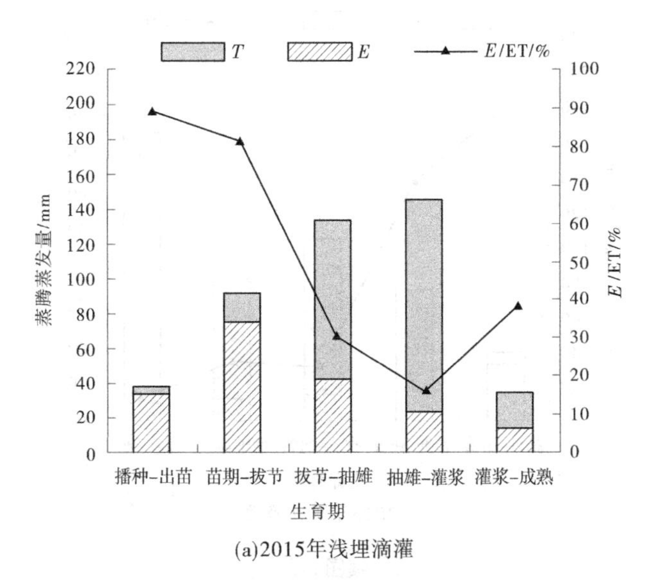

(a)2015年浅埋滴灌

图5-3 玉米生育期各阶段蒸腾蒸发速率与棵间蒸发量占阶段耗水量的比例

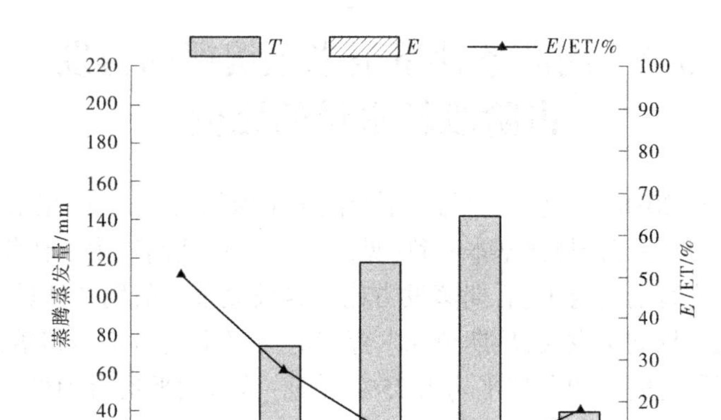

(b)2015年膜下滴灌

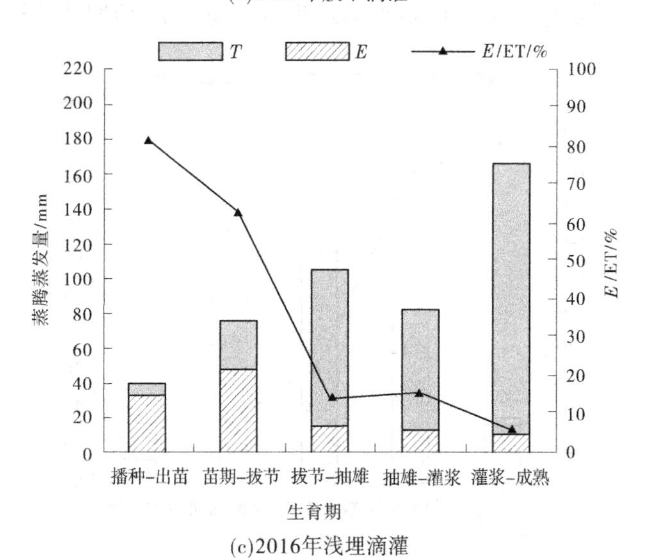

(c)2016年浅埋滴灌

续图 5-3

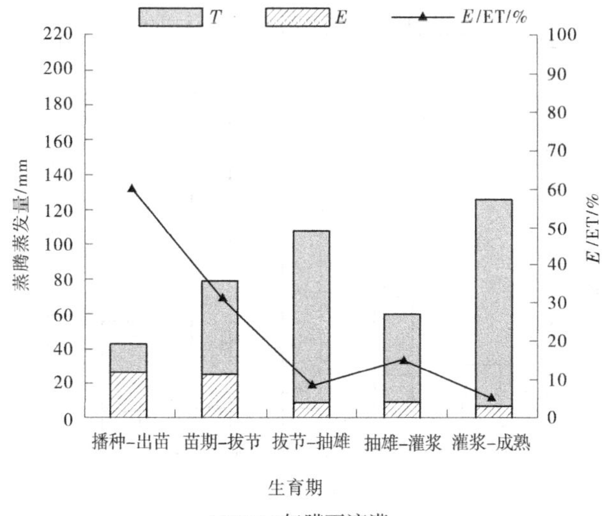

(d)2016年膜下滴灌

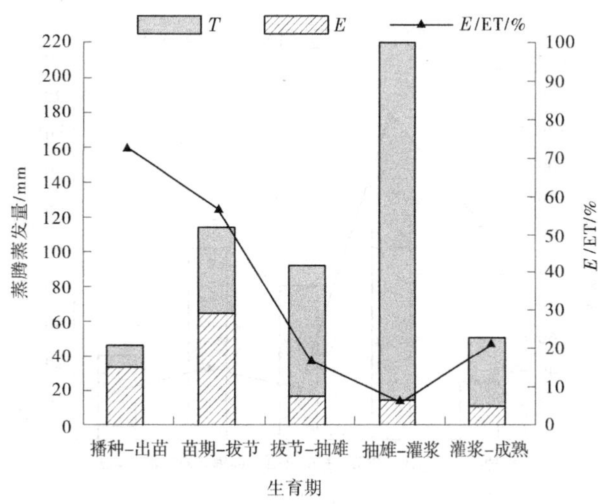

(e)2017年浅埋滴灌

续图 5-3

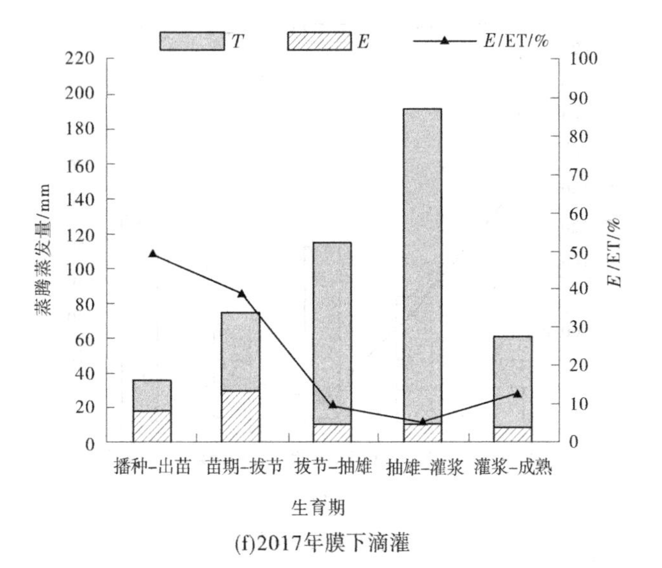

(f)2017年膜下滴灌

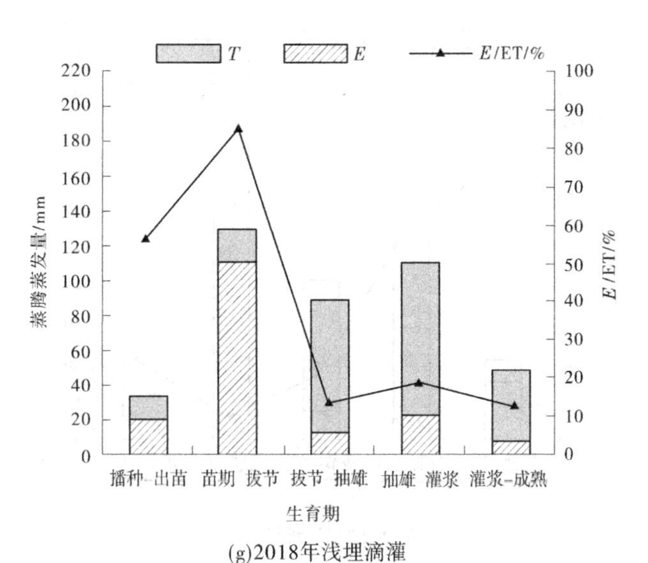

(g)2018年浅埋滴灌

续图 5-3

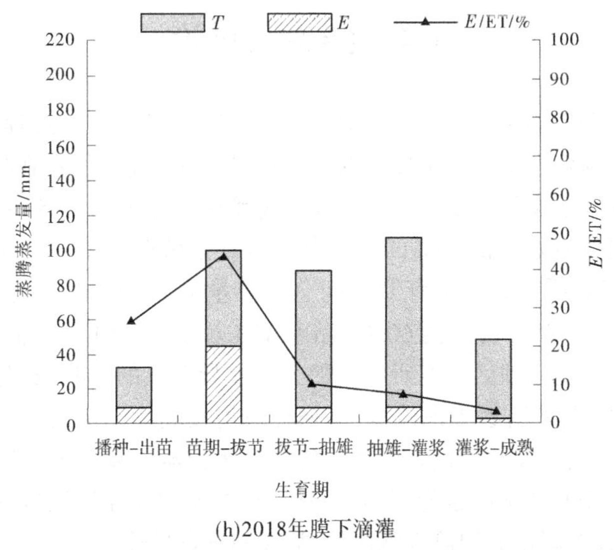

(h)2018年膜下滴灌

续图 5-3

于浅埋滴灌。其中,2018 年播种-出苗期无降雨浅层土壤变干后蒸发较低,故在该年,进入苗期以后灌水、降雨增加以后土壤蒸发最大,出苗-拔节期蒸发占比达到峰值,浅埋滴灌为 85%,膜下滴灌为 44%。

2015~2018 年整个生育期平均蒸发占比,浅埋滴灌为 33%,膜下滴灌为 17%,膜下滴灌仅为浅埋滴灌的 50%。2016 年灌浆-成熟期降雨较多,该阶段玉米由营养生长和生殖生长完全跨入生殖生长阶段,此时气温比较高,玉米大量吸水用于积累籽粒,作物蒸腾相对其他年份较高。2017 年抽雄-灌浆期出现大规模降雨(有效降雨量达到 178 mm,8 月 3 日单日降雨 122.4 mm),该阶段物营养生长与生殖生长并进,植株健壮,叶面积较大,作物覆盖度高,作物蒸腾占比达到 95%,显著大于其他年份。各生长阶段,浅埋滴灌棵间土壤蒸发高于膜下滴灌 36%~50%。说明地膜覆盖可以隔绝浅层土壤与大气接触,减少棵间土壤蒸发量,达到节水的效果。

5.4 结论与讨论

棵间蒸发为土壤水分无效散失,不参与作物生长发育过程,减少棵间蒸发成为农业节水的主要目的。本研究通过微型蒸发器观测得到膜下滴灌棵间蒸发量为 112.8 mm,浅埋滴灌棵间蒸发量为 150.6 mm,膜下滴灌可以有效降低 25%的棵间蒸发量。张彦群等得出黑龙江地区 2014 年玉米覆膜滴灌生育期棵间蒸发总量为 58.8 mm,无膜滴灌为 108.8 mm,2015 年分别为 60.0 mm 和 107.6 mm。较本研究低很多,可能是因为黑龙江地区与本研究区的气候差异造成的,加之农艺措施不同,张彦群等采用起垄种植玉米,播种时均覆膜待出苗后无膜滴灌揭膜,导致棵间蒸发量较低。闫世程等研究得出滴灌夏玉米棵间蒸发量为 92.5 ~100.2 mm,也低于本试验研究,主要因为在试验过程中为不受降雨影响,降雨时用遮雨篷遮挡,故棵间蒸发量较低。

生育前期浅埋滴灌以棵间蒸发为主,生育后期作物生长发育完全,叶片完全展开,作物覆盖度达到最大,棵间蒸发较低,以作物蒸腾为主。膜下滴灌由于薄膜覆盖阻断了土壤水分与大气的接触,整个生育期棵间蒸发较低,生育后期叶片生长旺盛,光合作用较强,作物蒸腾量较大。灌浆阶段水分消耗以作物蒸腾为主,气孔导度较高,提高光合速率有利于提高产量。平水偏枯年降雨量较少,覆膜增温保墒作用使玉米叶片生长优于浅埋滴灌,灌浆阶段膜下滴灌作物蒸腾高于浅埋滴灌 10%,产量较高。平水偏丰年降雨较多,研究区降雨集中在灌浆阶段,膜下滴灌和浅埋滴灌玉米蒸腾量均较平水偏枯年有所增加,浅埋滴灌降雨利用率高,光合作用强,蒸腾量比膜下滴灌高 13%,为产量积累打下基础,有利于浅埋滴灌玉米产量的提高。

本研究表明膜下滴灌和浅埋滴灌 *E*/ET 分别为 17%和 33%,与李瑞平等研究结果一致。Martins 等研究秸秆覆盖条件下玉米滴灌蒸发占比为 8%~9%,这是由于巴西南部生育前期气温较低且秸秆覆盖会降低前期棵间蒸发量。Rosa 等研究发现葡萄牙南部玉米 *E*/ET 为 12%~16%,同样较低,这是由于该地区靠近大西洋,属地中海亚热带气候,生育期内气温较低。Kang 等认为关中地区玉米 E/ET 为 33%,与本研究结果一致。

5.5　小　结

(1)作物棵间土壤蒸发受气候影响,在生育期内的变化曲线呈现脉冲状变化,降雨和灌水造成波动变化增大。由于薄膜阻断了土壤和空气的水分交换,浅埋滴灌棵间蒸发大于膜下滴灌,特别是在玉米生育前期无作物覆盖,浅埋滴灌棵间蒸发显著大于膜下滴灌约 33%;生育中后期(抽雄期以后)试验田被作物完全遮蔽"封垄",浅埋滴灌与膜下滴灌无显著性差异。试验表明,2015~2018 年膜下滴灌生育期平均棵间土壤蒸发量为 112.8 mm、浅埋滴灌为 150.6 mm。膜下滴灌较浅埋滴灌低 25%。

(2)播种-拔节阶段作物植株覆盖度低,此时作物耗水以棵间蒸发为主,蒸腾量较低,到了抽雄期以后,玉米各项生育指标达到最大值,试验小区植株覆盖度达到最大,玉米棵间蒸发降低,此时作物耗水开始以植株蒸腾为主,蒸腾量在灌浆期时达到最大,灌浆阶段为玉米籽粒累积的关键阶段,平水偏丰年(2017 年)灌浆阶段降雨较多,浅埋滴灌玉米蒸腾量达到 204 mm,比膜下滴灌高 13%。平水偏枯年(2018 年)浅埋滴灌、膜下滴灌蒸腾量分别为 88.9 mm 和 97.65 mm,差异不大,由此可知灌浆期降雨量大,浅埋滴灌降雨利用率高,作物水分供给充足是浅埋滴灌玉米产量高的主要原因。

(3)无论覆膜与否,玉米生育期棵间蒸发规律一致,总体呈现由高到低的变化趋势。浅埋滴灌生育期棵间蒸发占耗水量比例平均值:播种-出苗阶段为 75%、苗期-拔节期为 71%、拔节-抽雄期为 19%、抽雄-灌浆期为 14%、灌浆-成熟期为 20%。前期植株较小,覆盖度较低,棵间蒸发大;后期植株发育完全,地面被叶片完全覆盖,棵间蒸发较低。膜下滴灌规律与浅埋滴灌类似,播种-出苗期为 47%、苗期-拔节期为 36%、拔节-抽雄期为 10%、抽雄-灌浆期为 9%、灌浆-成熟期为 10%。

膜下滴灌薄膜覆盖有效减少了棵间蒸发,各生长阶段之间的差异明显小于浅埋滴灌;整个生育期平均蒸发占比,浅埋滴灌为33%、膜下滴灌为17%,膜下滴灌仅为浅埋滴灌的50%。说明地膜覆盖可以隔绝表面土壤与大气接触,减少棵间土壤蒸发量,达到节水的效果。

第 6 章　基于 SIMDualKc 模型滴灌玉米棵间蒸发模拟研究

蒸腾蒸发量(ET)由棵间蒸发(*E*)和作物蒸腾(*T*)组成,棵间蒸发为农田无效耗水,棵间蒸发与作物蒸腾占比在不同阶段有很大差异,两者分摊为 SPAC 系统及水分动态循环模拟研究的重点和难点。将棵间蒸发和作物蒸腾区分研究,对作物节水机理的探索具有重要意义。区分作物蒸腾蒸发量,定量分析棵间蒸发和作物蒸腾能够有效揭示滴灌玉米的节水机理。近年来,学者对玉米蒸腾蒸发做了大量研究,研究表明在测定棵间蒸发的方法中使用蒸渗仪及涡度相关设备往往存在造价较高的缺点,导致推广使用受限。蒸腾量的测定多采用茎流计,由于只能置于单株作物,环境因素对其测量精度的影响较大,长时间使用影响植株生长。SIMDualKc 模型通过双作物系数将 K_c 分为基础作物系数 K_{cb} 和土壤蒸发系数 K_e,用 $K_{cb} \cdot ET_0$ 表征蒸腾量,用 $K_e \cdot ET_0$ 表征蒸发量,可以将两部分有效区分。学者多运用 SIMDualKc 模型研究玉米生育期棵间蒸发,研究多为常规灌溉,对滴灌的研究相对较少。深入细致地对比分析膜下滴灌和浅埋滴灌不同区域的棵间蒸发规律,揭示两种灌溉方式的节水机理,更加合理地指导农业节水灌溉,为农业可持续发展做出更大贡献。

6.1　模型描述和应用

6.1.1　模型介绍

6.1.1.1　模型的理论基础

SIMDualKc 模型是基于水量平衡原理,在某时段根区土壤内流出和流入的水量相等的灌溉制度模拟模型(见图 6-1)。模型通过气象数据、土壤数据和作物数据等模拟土壤含水率和棵间蒸发等变化规律，通过水分动态平衡计算作物蒸腾蒸发量。土壤水量平衡公式如下：

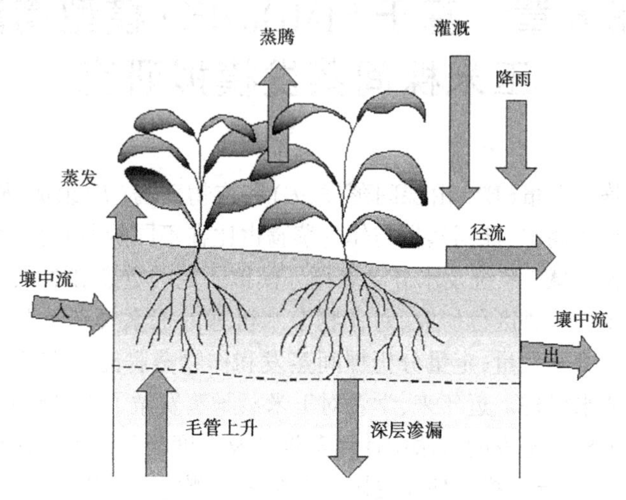

图 6-1　根层土壤水量平衡

$$ET + RO + DP = I + P + CR \pm \Delta SF \pm \Delta SW \tag{6-1}$$

式中：ET 为蒸腾蒸发量，mm；RO 为地表径流量，mm，该地区地势平坦，滴灌灌水以水滴形式渗入根区，不产生地表径流；DP 为深层渗漏量，mm，滴灌相较于其他灌水（畦灌、喷灌等），灌水定额较小，深层渗漏忽略不计；I 为灌水量，mm；P 为有效降雨量，mm；CR 为地下水补给量，mm；ΔSF 为根层土壤水横向流入、流出量，mm，该地区地势平坦，ΔSF 较小可忽略；ΔSW 为某时段根层土壤水量变化，mm。

应用双作物系数法将作物蒸腾（$K_{cb} \cdot ET_0$）和棵间蒸发（$K_e \cdot ET_0$）有效区分开来的双作物系数模型，可以有效计算作物蒸散量。模型包括土壤数据模块、气象数据模块、作物数据模块、灌水数据模块、薄膜覆盖数据模块等，可以模拟膜下滴灌及浅埋滴灌作物蒸腾与棵间蒸发。

$$ET_c = (K_{cb} + K_e) ET_0 \tag{6-2}$$

式中：ET_c 为作物蒸腾蒸发量，mm；K_{cb} 为基础作物系数；K_e 为土壤蒸发系数；ET_0 为参考作物蒸腾蒸发量，mm。

基础作物系数（K_{cb}）为无土壤蒸发条件下，土壤表面干燥，下层土壤水分可提供作物蒸腾，作物蒸腾蒸发量与参考作物蒸腾蒸发量的比值。

$$K_{cb}=K_{cb(推荐)}+[0.04(u_2-2)-0.04(RH_{min}-45)]\left(\frac{h}{3}\right)^{0.3} \tag{6-3}$$

式中：$K_{cb(推荐)}$可在FAO-56中表17查得；u_2为作物生长中后期2 m处平均风速，m/s，1 m/s≤u_2≤6 m/s；RH_{min}为作物生长中后期最小相对湿度(%)，20%≤RH_{min}≤80%；h为作物生长中后期平均株高，m。

土壤蒸发系数(K_e)表征土壤蒸发部分，当降雨或灌水后土壤表面湿润时，K_e达到最大，土壤表层干燥时最小，甚至为0。值得注意的是，土壤湿润时蒸发速率最大，作物系数不会超过最大值$K_{c,max}$，这是由土壤表面蒸发所获能量决定的。

$$K_e=K_r(K_{c,max}-K_{cb})\leq f_{ew}K_{c,max} \tag{6-4}$$

式中：$K_{c,max}$为土壤表面湿润(降雨或灌溉后)时K_c最大值；K_r为土壤表层蒸发减小系数，无量纲，土壤湿润达到最大时K_r为1，蒸发仅取决于获得的用于蒸发的能量，土壤表面变干燥时K_r小于1，蒸发降低，无土壤蒸发时K_r为0；f_{ew}为裸土与湿土的比值，即最大土壤蒸发表面占比，根据FAO-56中f_{ew}的确定依据下文中论述各区域计算方法所得值与1-f_c两者取小值，其中f_c为被作物覆盖表层土壤面积平均比值。

$$K_{c,max}=K_{cb(推荐)}+\max(\{1.2+[0.04(u_2-2)-0.04(RH_{min}-45)]\},\{K_{cb}+0.05\}) \tag{6-5}$$

式中：max{}为取两个参数最大值；其余参数同前。

6.1.1.2　模型的模拟流程

运用SIMDualKc模型模拟计算棵间蒸发量流程如图6-2所示，模型模拟流程如下：

(1)计算ET_0。ET_0为参考作物蒸腾蒸发量，假想一个面积很大、高度均匀(高度均为0.12 m)、表面阻力和反射率恒定为70 s/m和0.23的生长旺盛、地面被完全遮盖、供水充足的绿色草地的腾发量。ET_0可通过FAO-56的Penman-Monteith公式自行计算得到输入模型，也可以通过在模型中输入必要的气象数据由模型计算得出。

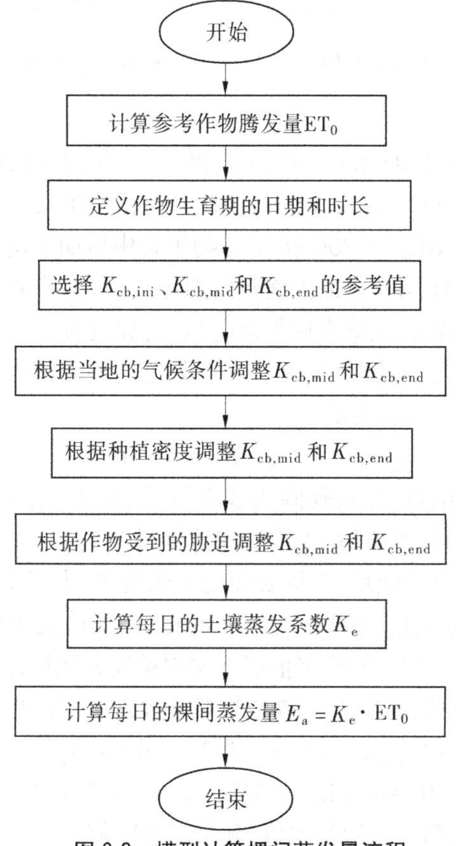

图 6-2　模型计算棵间蒸发量流程

(2)作物生长阶段的划分。根据 FAO-56 将玉米分为生长初期、快速生长期、生长中期和生长后期 4 个生长阶段。生长初期为从播种到地面覆盖度达到 10%的日期;快速生长期为从地面覆盖度 10%到地面被作物完全覆盖的日期;生长中期为从地面被作物完全覆盖到叶片开始变黄、老化的日期;生长后期为从叶片开始变黄、老化到收获的日期。

(3)确定 K_{cb} 初始值。通过 FAO-56 的推荐值确定 $K_{cb,ini}$、$K_{cb,mid}$ 和 $K_{cb,end}$ 的参考值,通过式(6-1)修正 K_{cb},确定 K_{cb} 值。

(4)确定表层土壤蒸发减小系数 K_r、裸露和湿润土壤比值 f_{ew}、降雨

或灌溉后 K_c 最大值 $K_{c,max}$。

(5)计算 K_{ei} 和 K_{ep}。

(6)模拟根区日水量平衡。

(7)模型模拟结束,输出每日实际作物腾发量 $K_{cb,act}$、参考作物腾发量 ET_0、土壤蒸发系数 K_e、调整基础作物系数等 $K_{cb,adj}$ 等。

6.1.1.3　模型的界面

(1)基础数据界面。包括强制输入数据:土壤数据、气象数据、作物数据、灌水数据,可选输入数据:地表径流、植被覆盖数据、地表覆盖数据、地下水数据、间作数据、含盐度数据。

(2)土壤数据界面。包括土壤深度、土壤划分层数、各层土壤深度及田间持水量和凋萎系数、易蒸发水量、总有效水量等。

(3)气象数据界面。包括最小相对湿度、最高气温、最低气温、2 m 高风速、有效降雨量,通过以上数据计算参考作物腾发量。

(4)作物数据界面。包括前文提到的作物生长阶段时间节点、根系深度、株高、土壤水分消耗比率、各生长阶段作物系数、作物覆盖情况等。

(5)灌水数据界面。包括灌水方式、灌溉湿润度、灌水日期、灌水量等。

(6)薄膜覆盖数据界面。包括覆膜日期、薄膜覆盖比例、每行薄膜种植作物行数、膜孔行间距、膜孔列间距、膜孔直径等。

6.1.2　模型应用

6.1.2.1　模型率定

用 2017 年数据实测土壤含水率数据率定 SIMDualKc 模型参数。率定土壤参数包括蒸发层深度 Z_e、总蒸发水量 TEW 和易蒸发水量 REW,作物参数包括作物系数 K_{cb}、土壤水分消耗比率 p。初始值采用 FAO-56 推荐值,参数调整后,含水率模拟值最接近实测值时,率定结束。

6.1.2.2　模型验证

利用 2018 年数据进行模型检验,采用 Popova 和 Pereira 等建议的拟合优度检验指标检验模型模拟效果包括决定系数 R^2、回归系数 b、均方根误差 RMSE、一致性指数 d_{IA} 和模拟效率 EF。

(1)决定系数 R^2:

$$R^2 = \left\{ \frac{\sum_{i=1}^{n} (O_i - \overline{O})(P_i - \overline{P})}{\left[\sum_{i=1}^{n} (O_i - \overline{O})^2\right]^{0.5} \left[\sum_{i=1}^{n} (P_i - \overline{P})^2\right]^{0.5}} \right\} \tag{6-6}$$

(2)回归系数 b:

$$b = \frac{\sum_{i=1}^{n} O_i P_i}{\sum_{i=1}^{n} O_i^2} \tag{6-7}$$

(3)均方根误差 RMSE:

$$\mathrm{RMSE} = \left[\frac{\sum_{i=1}^{n} (P_i - O_i)^2}{n} \right]^{0.5} \tag{6-8}$$

(4)一致性指数 d_{IA}:

$$d_{IA} = 1 - \frac{\sum_{i=1}^{n} (O_i - P_i)^2}{\sum_{i=1}^{n} (|P_i - \overline{O}| + |O_i - \overline{O}|)^2} \tag{6-9}$$

(5)模拟效率 EF:

$$\mathrm{EF} = 1 - \frac{\sum_{i=1}^{n} (O_i - P_i)^2}{\sum_{i=1}^{n} (O_i - \overline{O})^2} \tag{6-10}$$

式中:O_i 为实际观测值;P_i 为模型模拟值;$\overline{O}$ 和 $\overline{P}$ 分别为其平均值。

6.1.2.3 对膜下滴灌和浅埋滴灌区域划分

对垂直滴灌带方向分区,如图 6-3(a)所示,不同区域用虚线划分,膜下滴灌覆膜区为Ⅰ区、不覆膜区为Ⅱ区。作为对比,浅埋滴灌分区

[见图6-3(b)]与膜下滴灌一致,Ⅰ区宽度与膜下滴灌覆膜区域相同为d_m,Ⅱ区宽度为d_w-d_m。

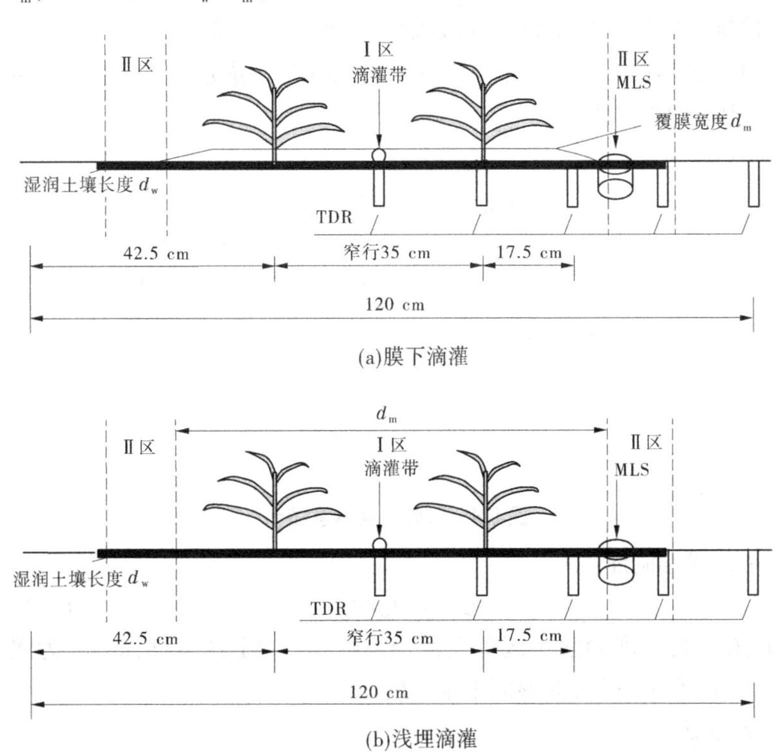

图6-3　膜下滴灌和浅埋滴灌区域划分

根据上述不同区域引入蒸发面积系数C,各区域棵间蒸发E为模型输出的E_a与蒸发面积系数C的乘积:

$$E = E_a \cdot C \tag{6-11}$$

1. Ⅰ区

(1)膜下滴灌:

$$C_{\mathrm{I\,m}} = S/(l \cdot d_w) \tag{6-12}$$

式中:$C_{\mathrm{I\,m}}$为膜下滴灌Ⅰ区蒸发面积系数;S为膜孔及薄膜破损的面积和,m^2,$S=S_1+S_2$,S_1和S_2分别为当前膜孔与沿种植方向前后相邻两膜孔中点构成的矩形覆膜区域内(见图6-4虚线区域)的膜孔面积和薄膜破碎面积,经多年试验观测,S_1 在播种-拔节期为 $1.1\times10^{-4}\sim2.3\times10^{-4}$ m²,抽雄期以后植株茎粗达到最大值,几乎填满膜孔,可忽略,S_2 一般为 $2.1\times10^{-5}\sim6.7\times10^{-5}$ m²;l 为玉米株距,m;d_w 为灌水后沿垂直滴灌带方向湿润土壤长度,m。

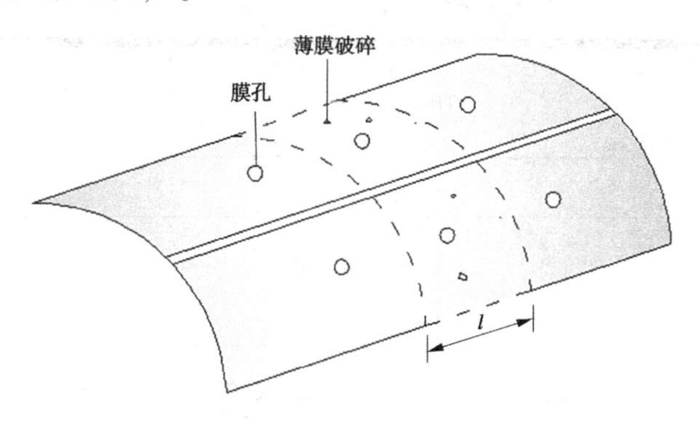

图6-4　薄膜覆盖示意图

(2)浅埋滴灌:

$$C_{\mathrm{I s}} = d_m/d_w \tag{6-13}$$

式中:$C_{\mathrm{I s}}$ 为浅埋滴灌Ⅰ区蒸发面积系数;d_m 为Ⅰ区宽度,m;d_w 为灌水后沿垂直滴灌带方向湿润土壤长度,m。

2. Ⅱ区

膜下滴灌与浅埋滴灌蒸发面积系数公式相同:

$$C_{\mathrm{II}} = (d_w - d_m)/d_w \tag{6-14}$$

6.2　模型的模拟与验证

经过率定,土壤参数最终率定值为 $Z_e = 0.15$ m,TEW = 30 mm,REW = 10 mm,作物参数各阶段最终率定结果见表6-1。用2018年数据进行验证,分析模型在该研究区的适用性,并将棵间蒸发的模拟值与实测值对比验证。土壤含水模拟值与实测值对比结果见图6-5、图6-6。

表6-1　模型最终率定参数

项目	初期基础作物系数 $K_{cb,ini}$	中期基础作物系数 $K_{cb,mid}$	后期基础作物系数 $K_{cb,end}$	初期土壤水分消耗比率 p_{ini}	中期土壤水分消耗比率 p_{mid}	后期土壤水分消耗比率 p_{end}
浅埋滴灌	0.15	1	0.4	0.55	0.5	0.5
膜下滴灌	0.15	1.05	0.4	0.5	0.5	0.5

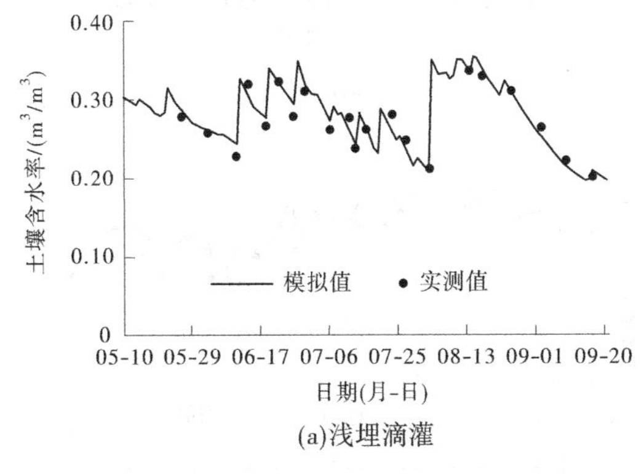

(a)浅埋滴灌

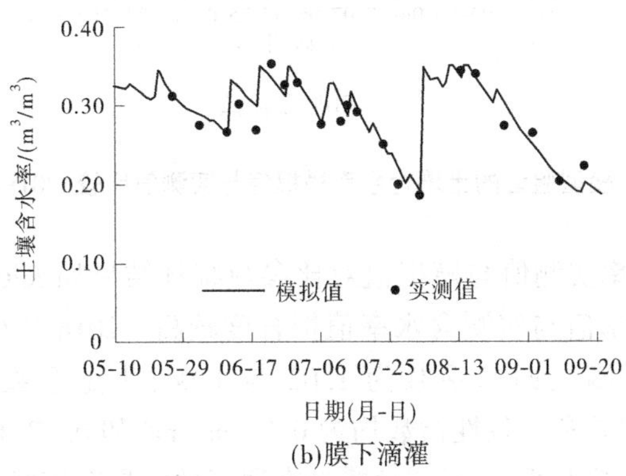

(b)膜下滴灌

图6-5　模型率定的土壤含水率模拟值与实测值比较(2017年)

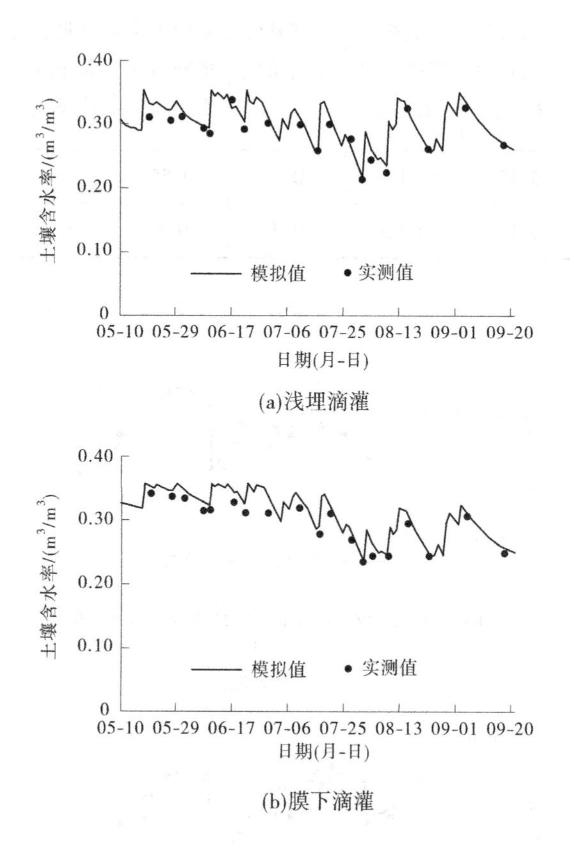

图 6-6　模型验证的土壤含水率模拟值与实测值比较(2018 年)

土壤含水率实测值与模拟值对比参数统计结果如表 6-2 所示,模型模拟的含水率值与实测含水率值拟合度较高。2018 年模型验证浅埋滴灌与膜下滴灌回归系数为 1.02 与 1.04,决定系数为 0.93 和 0.98,均方根误差和一致性指数均为 0.01 m^3/m^3 和 0.97,模拟效率为 0.88 和 0.86。综上所述,说明该模型在通辽地区具有较好的适用性。

表6-2 土壤含水率实测值与模拟值对比参数

年份	项目	回归系数 b	决定系数 R^2	均方根误差 RMSE/(m^3/m^3)	一致性指数 d_{IA}	模拟效率 EF
2017(率定)	浅埋滴灌	1.01	0.91	0.01	0.98	0.91
	膜下滴灌	1.02	0.89	0.02	0.97	0.88
2018(验证)	浅埋滴灌	1.02	0.93	0.01	0.97	0.88
	膜下滴灌	1.04	0.98	0.01	0.97	0.86

6.3 土壤棵间蒸发量对比

模型很好地模拟了土壤含水率,SIMDualKc模型通过基础作物系数 K_{cb} 和土壤蒸发系数 K_e 将作物蒸腾和作物棵间蒸发有效区分,膜下滴灌由于窄行覆膜,每日水分以水蒸气的形式聚于薄膜,晚间气温低时水蒸气液化为水珠返回土壤表层,因此窄行蒸发可忽略,以宽行实测土壤蒸发量与模型模拟蒸发量对比。浅埋滴灌宽窄行按面积加权平均后与模型模拟的棵间蒸发量比较,检验模型模拟效果检验结果见图6-7、图6-8和表6-3。

由图6-7、图6-8可知,棵间蒸发模拟值与实测值变化趋势基本一致。播种-出苗期当地正值多风少雨的春季,灌水较少,土壤表层含水率较低,棵间蒸发量较低,占总棵间蒸发量的6%~19%。随着生长阶段的推进,气温开始逐渐升高,为满足作物需水,灌水增加,土壤棵间蒸发量增加,出苗-拔节期占总棵间蒸发量的48%~57%,到抽雄期作物株高、叶面积达到最大,浅层土壤根系吸水性较强,棵间土壤蒸发量降低,仅占总棵间蒸发量的8%~12%。成熟期叶片逐渐枯萎、凋零,蒸发量又有所升高,收获前表层土壤变干,棵间蒸发量降低。浅埋滴灌生育期平均土壤棵间蒸发量为141.38 mm,膜下滴灌为98.10 mm。膜下滴灌棵间蒸发量较浅埋滴灌棵间蒸发量低31%,作物蒸腾量较浅埋滴灌

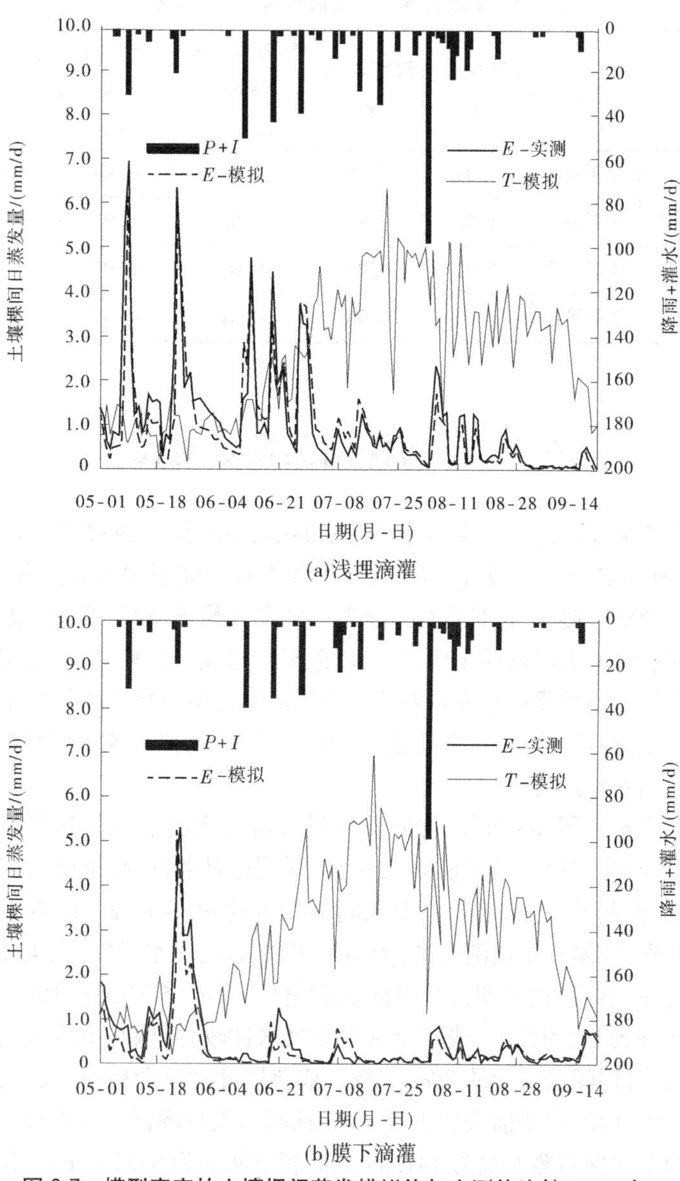

(a)浅埋滴灌

(b)膜下滴灌

图 6-7　模型率定的土壤棵间蒸发模拟值与实测值比较(2017 年)

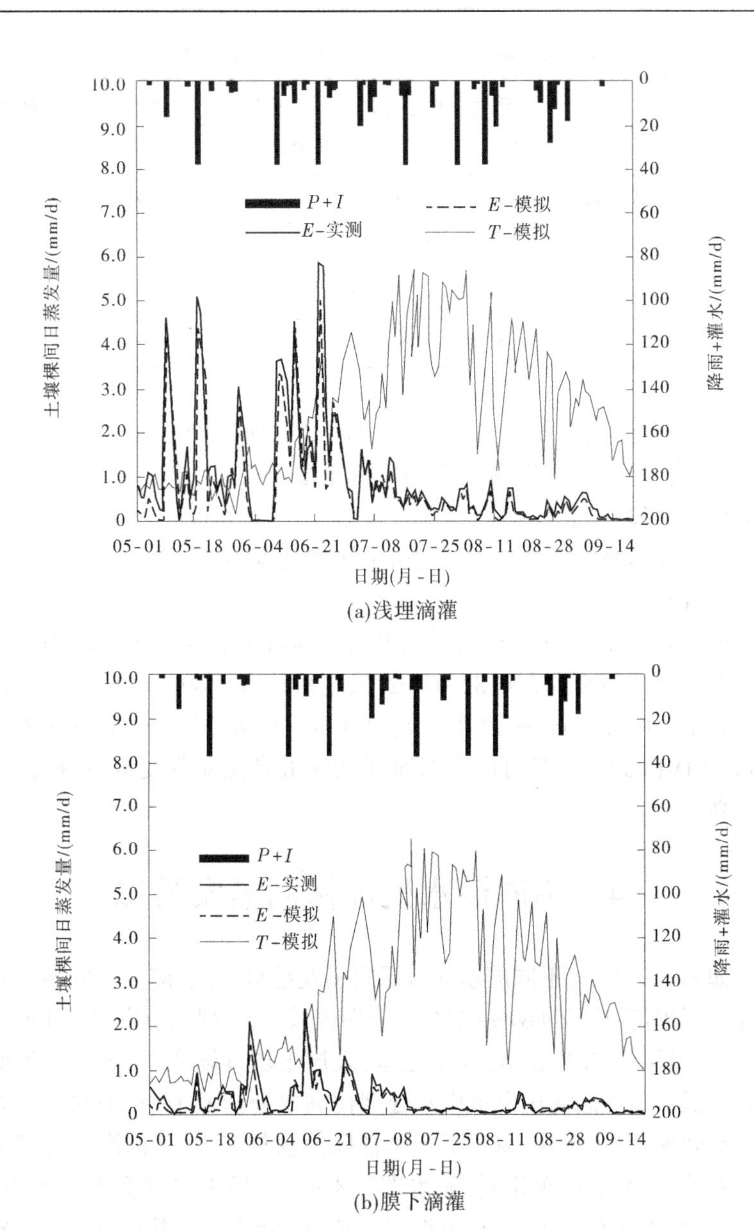

(a)浅埋滴灌

(b)膜下滴灌

图 6-8　模型验证的土壤棵间蒸发模拟值与实测值比较(2018 年)

表 6-3　棵间蒸发实测值与模拟值对比参数

年份	项目	回归系数 b	决定系数 R^2	均方根误差 RMSE/mm	一致性指数 d_{IA}	模拟效率 EF
2017（率定）	浅埋滴灌	0.92	0.92	0.35	0.98	0.92
	膜下滴灌	0.82	0.89	0.28	0.96	0.87
2018（验证）	浅埋滴灌	0.88	0.95	0.32	0.98	0.93
	膜下滴灌	0.88	0.89	0.15	0.96	0.85

高21%，蒸腾蒸发量较浅埋滴灌低11%。生育前期实测值略高于模拟值，这是由于受到外壁影响蒸发器内部土壤温度高于外界温度，蒸发器内部根系断裂，无根系吸水，土壤含水率高，故蒸发偏大，尤其是风沙较大的5月较为明显。生育中后期由于作物遮盖，蒸发较低，实测值与模拟值吻合较好。

如表6-3所示，棵间蒸发模拟值与实测值2017~2018年浅埋滴灌与膜下滴灌回归系数为0.82~0.92，决定系数为0.89~0.95，均方根误差为0.15~0.35 mm，一致性指数为0.96~0.98，模拟效率为0.85~0.93。SIMDualKc模型可以模拟通辽地区玉米棵间蒸发量，且模拟精度较高。

6.4　不同灌水处理棵间蒸发模拟

如图6-9所示，不同灌水处理棵间蒸发趋势一致，前期棵间蒸发较大，占总棵间蒸发量的64%~75%。中期较低，占总棵间蒸发量的16%~23%。后期由于叶片脱落，停止灌水，表层土壤逐渐变干，蒸发量先增大后降低。浅埋滴灌蒸发量中水处理比高水处理低13%，中水处理高于低水处理5%。灌水、降雨后土壤棵间蒸发量较大，不同灌水处理采用下限控制，灌水定额相同，灌水次数不同，前期中水仅低于高水3%左右，中水比低水高2%。拔节期以后随着灌水增多，不同处理的差异明显，尤其是在降雨、灌水后蒸发大的几天，中水处理比高水处理低

20% ,中水处理比低水处理高 15%。在拔节期土壤表层变干,含水率降低,日蒸发强度较低时,蒸发量会表现为低水>中水>高水,这是由于蒸发强度低时作物覆盖度影响较大, 高水、中水处理叶片发育更好,覆

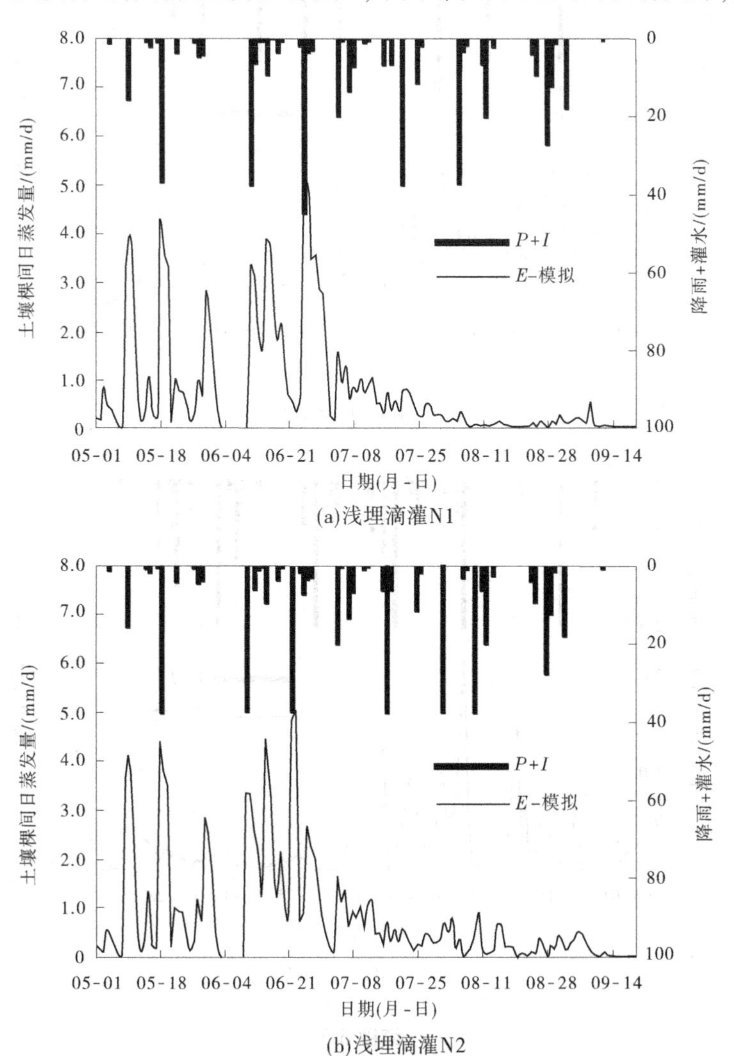

(a)浅埋滴灌N1

(b)浅埋滴灌N2

图 6-9　不同处理棵间蒸发模拟

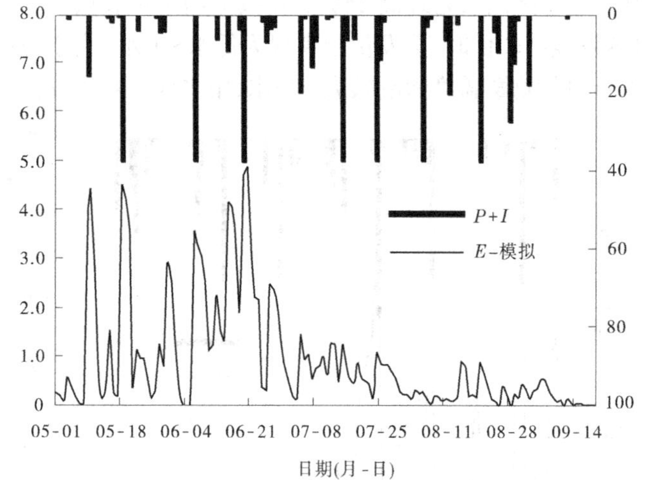

(c)浅埋滴灌N3

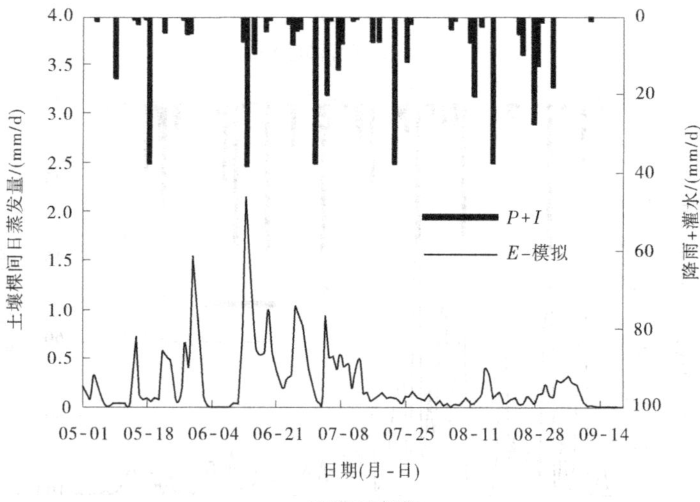

(d)膜下滴灌Y1

续图 6-9

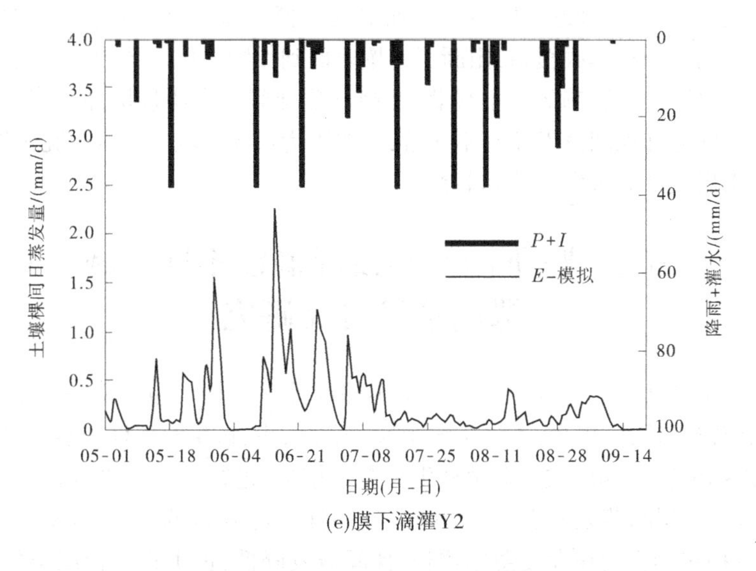

(e)膜下滴灌Y2

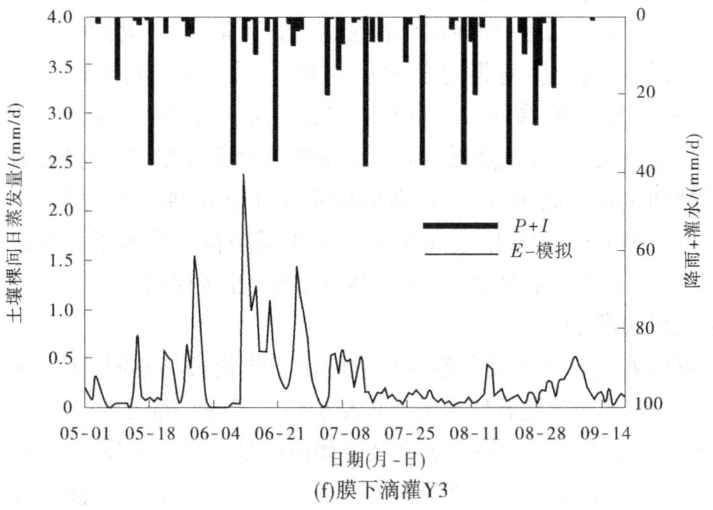

(f)膜下滴灌Y3

续图6-9

盖度更大,低水处理棵间蒸发反而更高。膜下滴灌处理由于灌水的土壤湿润部分有薄膜覆盖,阻断了土壤表面到作物冠层上部的空气流动,灌水对蒸发的影响效应不显著,在降雨后棵间蒸发明显增加。膜下滴灌不同处理棵间蒸发差异不显著,主要因为覆膜区域只能从膜孔蒸发,灌水后大部分蒸发被薄膜截留。

6.5 膜下滴灌与浅埋滴灌不同区域棵间蒸发对比研究

不同处理不同区域各阶段土壤棵间蒸发规律一致,播种-出苗期无植株生长,灌水少,表层土壤干燥,蒸发较少,占生育期棵间蒸发量的5%~15%。出苗-拔节期植株生长需水增加,进行大量灌水,植株覆盖度较低,棵间蒸发达到最大,占生育期棵间蒸发量的45%~68%。拔节-抽雄期作物覆盖度急剧增长,棵间蒸发降低,占生育期棵间蒸发量的10%~27%。抽雄-灌浆期作物覆盖度达到最大,各处理棵间蒸发量达到最低点,仅占生育期总蒸发量的9%。灌浆-成熟期植株停止生长,叶片发黄脱落,棵间蒸发量有所增加。由于薄膜覆盖阻断了土壤与大气的水分交换,有效降低了膜下滴灌的棵间蒸发量,膜下滴灌较浅埋滴灌棵间蒸发量低38%,虽然薄膜降低了Ⅰ区的棵间蒸发量,但是由于Ⅰ区薄膜的截流作用,一部分降雨被地膜阻截后沿水平方向进入Ⅱ区,Ⅱ区土壤表层水分增大,棵间蒸发增加,Ⅱ区棵间蒸发量膜下滴灌高于浅埋滴灌11%。

不同处理不同区域在各生长阶段由于作物长势不同,土壤水分状况不同,棵间蒸发量有所差异(见表6-4)。膜下滴灌Ⅰ区由于薄膜覆盖,所以在抽雄期之前通过膜孔及薄膜破碎处有少量蒸发,之后由植株填充膜孔,普通地膜破碎度特别小,试验观测不到1%可忽略,膜下棵间蒸发极低近似为0,膜下滴灌Ⅰ区的棵间蒸发量仅为0.67 mm,占膜下滴灌总棵间蒸发量的2%;膜下滴灌Ⅱ区棵间蒸发量为36.18 mm,占膜下滴灌总棵间蒸发量的98%。薄膜覆盖有效降低了Ⅰ区的棵间土壤蒸发,Ⅰ区棵间土壤蒸发量低于Ⅱ区98%。浅埋滴灌Ⅰ区棵间蒸发量为 84. 59 mm,占浅埋滴灌总棵间蒸发量的 72%;浅埋滴灌Ⅱ区棵间蒸发量为 32. 50 mm,占浅埋滴灌总棵间蒸发量的 28%。浅埋滴灌Ⅱ区棵间蒸发量低于Ⅰ区 62%,是由于Ⅰ区有更多的水汽伴随空气流动从土壤表面传送到植物冠层上部,特别是灌水后。膜下滴灌节水主要发生在覆膜区(Ⅰ区),棵间蒸发量远小于浅埋滴灌。在不覆膜区域(Ⅱ区)膜下滴灌蒸发量比浅埋滴灌高 11%,主要由于薄膜保墒作用使更多水分保存于膜下土壤,当Ⅱ区土壤含水率较低时可以通过横向运移补充水分。

表 6-4　各生长阶段不同区域棵间蒸发量　　单位:mm

区域	播种-出苗期	出苗-拔节期	拔节-抽雄期	抽雄-灌浆期	灌浆-成熟期	全生育期
膜下滴灌Ⅰ区	0. 07	0. 42	0. 17	0. 01	0	0. 67
膜下滴灌Ⅱ区	2. 13	16. 61	9. 79	3. 81	3. 83	36. 18
浅埋滴灌Ⅰ区	13. 13	51. 82	8. 71	7. 74	3. 18	84. 59
浅埋滴灌Ⅱ区	1. 88	22. 21	3. 73	3. 32	1. 36	32. 50

6. 6　结论与讨论

本研究表明基于 SIMDualKc 模型膜下滴灌与浅埋滴灌土壤含水率和棵间蒸发量模拟精度较高,在通辽地区具有较好的适用性。李瑞平等也有类似结论。有学者在西北地区应用 SIMDualKc 模型模拟滴灌条件下作物蒸腾蒸发,模拟精度较高。杨林林等在豫北地区对冬小麦棵间蒸发进行了模拟,取得了较好的模拟结果。国外学者在不同地区针对不同作物应用 SIMDualKc 模型,模拟精度较高。本研究还进一步将膜下滴灌覆膜与裸地分区研究,发现覆膜区域棵间蒸发量仅占膜下滴灌总棵间蒸发量的 2%,而在膜下滴灌的裸地棵间蒸发量高于浅埋滴灌的 11%。主要是由于降雨时薄膜截流作用会拦截降雨,使膜上一部分降雨通过横向运移进入裸土区,使土壤含水率增加。当裸土区域含水率较低时,覆膜区域水分也会通过横向运移进入裸土区域,使其土壤含水率升高,棵间蒸发量增大。说明膜下滴灌节水主要发生在覆膜区域,裸土区域并无节水效果。

6.7 小 结

(1)2018 年模型验证浅埋滴灌与膜下滴灌土壤含水率模拟值与实测值回归系数为 1.02 与 1.04,决定系数为 0.93 和 0.98,均方根误差和一致性指数均为 0.01 cm^3/cm^3 与 0.97,模拟效率为 0.88 与 0.86。说明该模型在通辽地区具有较好的适用性。

(2)棵间蒸发模拟值与实测值 2017~2018 年浅埋滴灌与膜下滴灌回归系数为 0.82~0.92,决定系数为 0.89~0.95,均方根误差为 0.15~0.35 mm,一致性指数为 0.96~0.98,模拟效率为 0.85~0.93。SIMDualKc 模型可以模拟通辽地区玉米棵间蒸发量,且模拟精度较高;播种-出苗期灌水较少,土壤表层含水率较低,棵间蒸发量较低,占总棵间蒸发量的 6%~19%。随着生长阶段的推进,灌水增加,土壤棵间蒸发量增加,出苗-拔节期占总棵间蒸发量的 48%~57%。到抽雄期作物株高、叶面积达到最大,浅层土壤根系吸水较强,棵间土壤蒸发量降低,仅占总棵间蒸发量的 8%~12%。成熟期叶片逐渐枯萎、凋零,蒸发量又有所升高,收获前表层土壤变干,棵间蒸发量降低;浅埋滴灌生育期平均土壤棵间蒸发量为 141.38 mm、膜下滴灌为 98.10 mm。膜下滴灌棵间蒸发量较浅埋滴灌棵间蒸发量低 31%,作物蒸腾量较浅埋滴灌高 21%,蒸腾蒸发量较浅埋滴灌低 11%。

(3)浅埋滴灌蒸发量中水处理比高水处理低 13%,中水处理高于低水处理 5%;灌水、降雨后土壤棵间蒸发量较大,前期灌水较少,中水处理仅低于高水处理 3%左右,中水处理比低水处理高 2%。拔节期以后随着灌水增多,不同处理的差异明显,尤其是在降雨、灌水后蒸发大的几天,中水处理比高水处理低 20% ,中水处理比低水处理高 15%;膜下滴灌处理由于灌水的土壤湿润部分有薄膜覆盖,阻断了土壤表面到作物冠层上部的空气流动,灌水对蒸发的影响效应不显著,在降雨后棵间蒸发明显增加。膜下滴灌不同处理间不同灌水未对棵间蒸发产生影响,覆膜区域只能从膜孔蒸发,灌水后大部分蒸发被薄膜截留,蒸发量较小,不同灌水处理间棵间蒸发差异不显著。

(4)膜下滴灌Ⅰ区由于薄膜覆盖,棵间蒸发量仅为 0.67 mm,占膜下滴灌总棵间蒸发量的 2%。膜下滴灌Ⅱ区棵间蒸发量为 36.18 mm,占膜下滴灌总棵间蒸发量的 98%,薄膜覆盖有效降低了Ⅰ区的棵间土壤蒸发。浅埋滴灌Ⅱ区棵间蒸发量低于Ⅰ区 62%。覆膜保墒作用使更多水分保存于膜下土壤,当无膜区(Ⅱ区)土壤含水率较低时,土壤水分则由覆膜区向无膜区运移,运移量约为 11%。由于薄膜覆盖阻断了土壤与大气的水分交换,有效降低了膜下滴灌的棵间蒸发量,膜下滴灌节水主要发生在覆膜区(Ⅰ区),棵间蒸发量远小于浅埋滴灌。由于Ⅰ区薄膜的截流作用,一部分降雨被地膜阻截后沿水平方向进入Ⅱ区,土壤表层水分增大,棵间蒸发增加,Ⅱ区棵间蒸发量膜下滴灌高于浅埋滴灌 11%,膜下滴灌的Ⅱ区并无节水效果。

第 7 章　覆膜和浅埋对滴灌土壤水分及降雨利用率的影响机理

在生育期各生长阶段由于气候条件、作物生长发育状况和根系分布等因素的影响，土壤水分分布不同，通过对生育期玉米膜下滴灌和浅埋滴灌水分变化规律的研究，可以明晰滴灌条件下土壤水分的分布规律，从根本上探究覆膜与否以及不同水分处理对玉米产量、生长指标等影响。可以通过降雨前后土壤含水率定量研究膜下滴灌与浅埋滴灌对降雨的利用情况，阐明降雨和水分变化对产量的影响机理，为揭示玉米膜下滴灌节水机理提供理论依据。

7.1　滴灌条件下不同处理土壤水分变化

不同灌水处理苗间土壤含水率见表 7-1，结合图 7-1，由于滴灌具有灌水次数多、灌水量小的特点，膜下滴灌与浅埋滴灌在 0~40 cm 土层差异性显著($p<0.05$)。其中，2015 年膜下滴灌玉米较浅埋滴灌玉米 0~40 cm 土层土壤含水率高 14%~32%；2016 年膜下滴灌玉米较浅埋滴灌玉米 0~40 cm 土层土壤含水率低 12%~14%；2017 年膜下滴灌处理较浅埋滴灌玉米低 10%~16%；2018 年膜下滴灌玉米较浅埋滴灌玉米 0~40 cm 土层土壤含水率高 13%~20%。2015 年和 2018 年为平水偏枯年，降雨量较少，膜下滴灌的薄膜覆盖阻断了大气和土壤的接触，使土壤水分的蒸发损失大大降低，对浅层土壤的保墒作用更为显著。2016 年和 2017 年为平水偏丰年，降雨较多，特别是在生育后期，降雨直接进入土壤使浅埋滴灌土壤含水率较高，膜下滴灌由于薄膜的截流，土壤含水率低于浅埋滴灌处理，薄膜的保墒作用不显著。不同灌水处理土壤含水率变化规律与前人研究结果相同，随着灌水增加，土壤含水率增大，中水处理比高水处理低 9%，中水处理较低水处理高 8%，高水

处理与低水处理差异性显著($p<0.05$)。研究区土壤质地在40~80 cm土层为黏土,土壤含水率较大,在0.35 m^3/m^{3}左右,高于0~40 cm壤土和80~100 cm沙土区域。40 cm以下土层土壤含水率各处理间无显著性差异($p>0.05$)。

表7-1 不同灌水处理苗间土壤含水率 单位:m^3/m^3

土层深度/cm	年份	高水(W_h)		中水(W_m)		低水(W_l)	
		膜下滴灌	浅埋滴灌	膜下滴灌	浅埋滴灌	膜下滴灌	浅埋滴灌
0~20	2015	0.28aB	0.22cE	0.25bBC	0.20dD	0.25bB	0.19dC
	2016	0.25bcBC	0.29aBC	0.24cdBC	0.28aB	0.23dB	0.26bB
	2017	0.26bBC	0.29aBC	0.23cBC	0.26bBC	0.21dB	0.24cBC
	2018	0.27aB	0.23bDE	0.27aB	0.23bBC	0.24bB	0.21cBC
20~40	2015	0.27aB	0.22cE	0.24bBC	0.21cdCD	0.25bB	0.20dC
	2016	0.24bBC	0.28aCD	0.24bBC	0.27aB	0.22cB	0.25bBC
	2017	0.25bBC	0.28aCD	0.22cBC	0.26bBC	0.21cB	0.25bBC
	2018	0.28aB	0.24cCDE	0.26bBC	0.23cB	0.24cB	0.20dC
40~60	2015	0.36aA	0.35aA	0.36aA	0.36aA	0.36aA	0.36aA
	2016	0.35aA	0.36aA	0.36aA	0.35aA	0.35aA	0.35aA
	2017	0.34aA	0.35aA	0.34aA	0.34aA	0.35aA	0.35aA
	2018	0.36aA	0.35aA	0.36aA	0.36aA	0.36aA	0.36aA
60~80	2015	0.36aA	0.35aA	0.36aA	0.36aA	0.36aA	0.36aA
	2016	0.34aA	0.34aAB	0.34aA	0.34aA	0.34aA	0.34aA
	2017	0.35aA	0.35aA	0.35aA	0.35aA	0.34aA	0.35aA
	2018	0.35aA	0.34aAB	0.35aA	0.35aA	0.35aA	0.35aA
80~100	2015	0.21abC	0.22a	0.21abC	0.21abCD	0.21abB	0.20bC
	2016	0.24aBC	0.24aCDE	0.23aBC	0.24aBCD	0.24aB	0.24aBC
	2017	0.23aBC	0.23aDE	0.23aBC	0.23aBC	0.23aB	0.23aBC
	2018	0.24aBC	0.25aCDE	0.24aBC	0.24aBCD	0.24aB	0.24aBC

注:表中不同小写字母代表在同行0.05水平差异性显著,不同大写字母代表在同列0.05水平差异性显著。

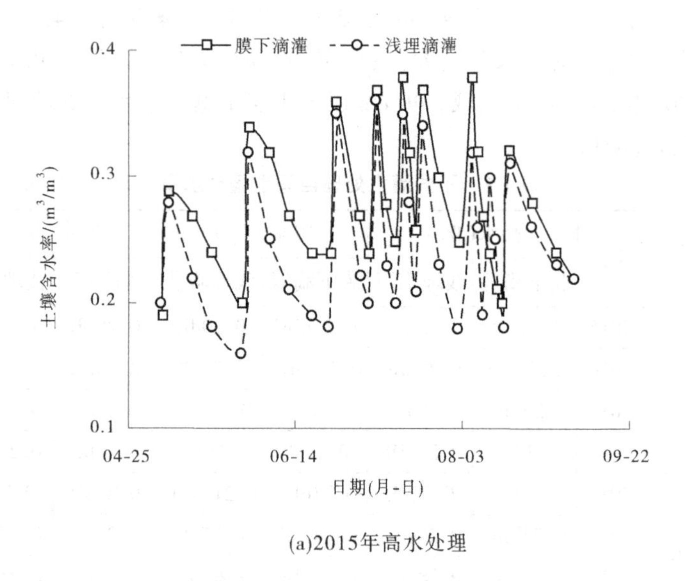

(a)2015年高水处理

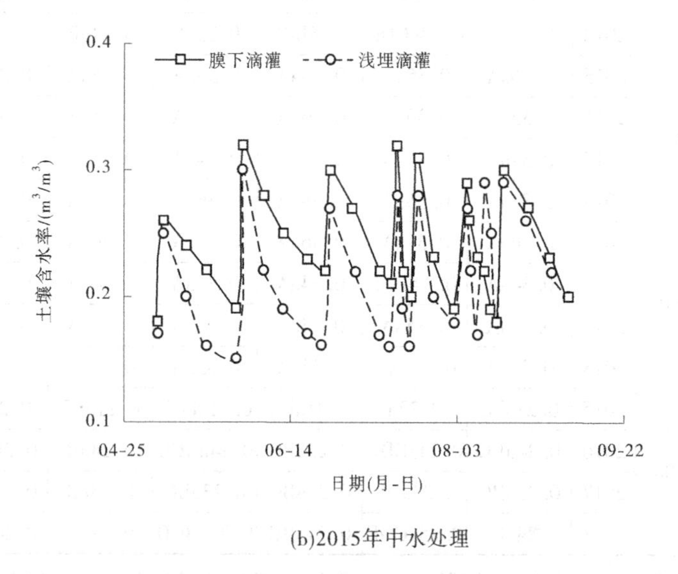

(b)2015年中水处理

图 7-1　不同处理 0~40 cm 土层土壤含水率

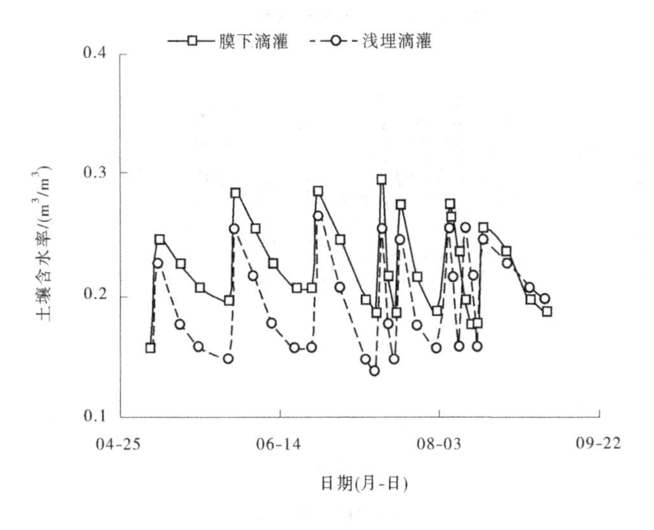

(c)2015年低水处理

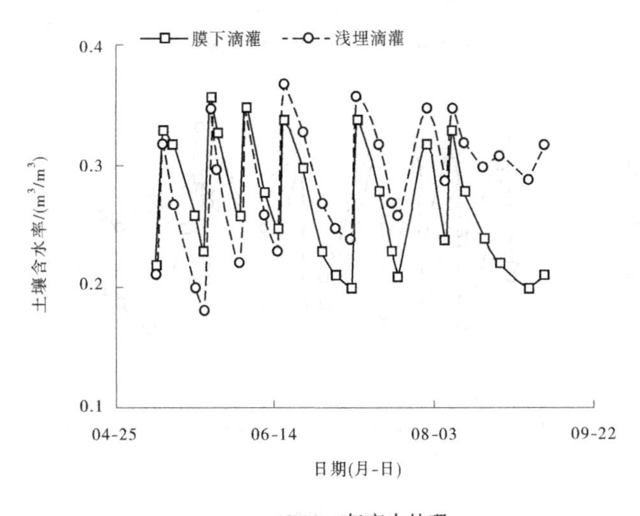

(d)2016年高水处理

续图 7-1

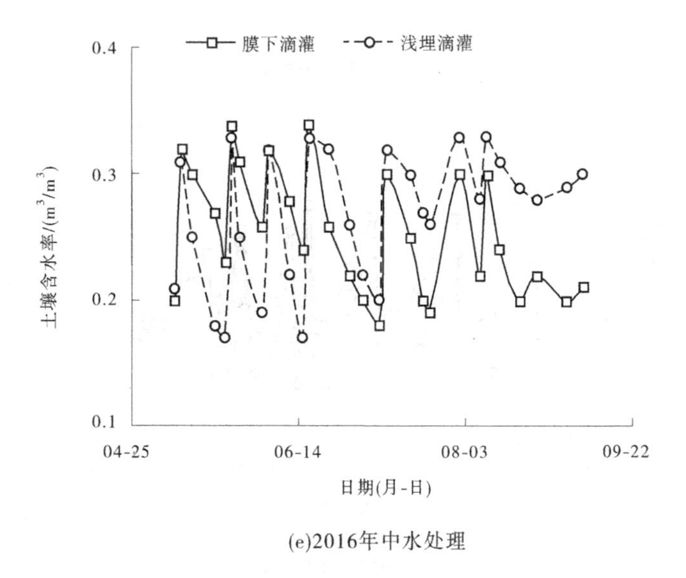

(e)2016年中水处理

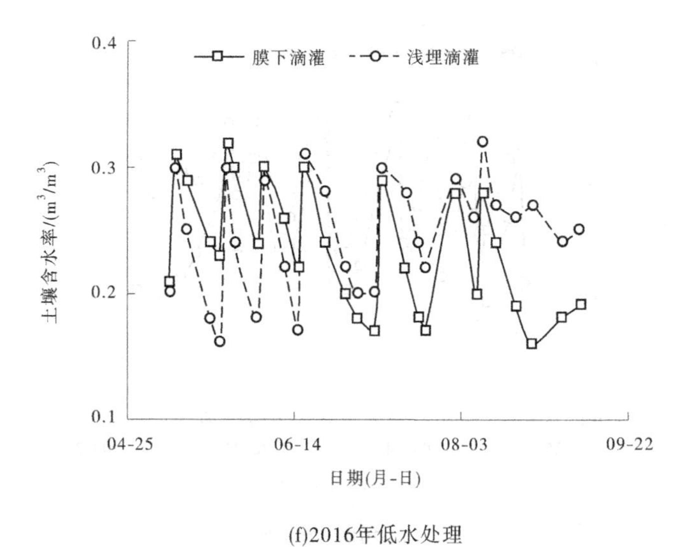

(f)2016年低水处理

续图 7-1

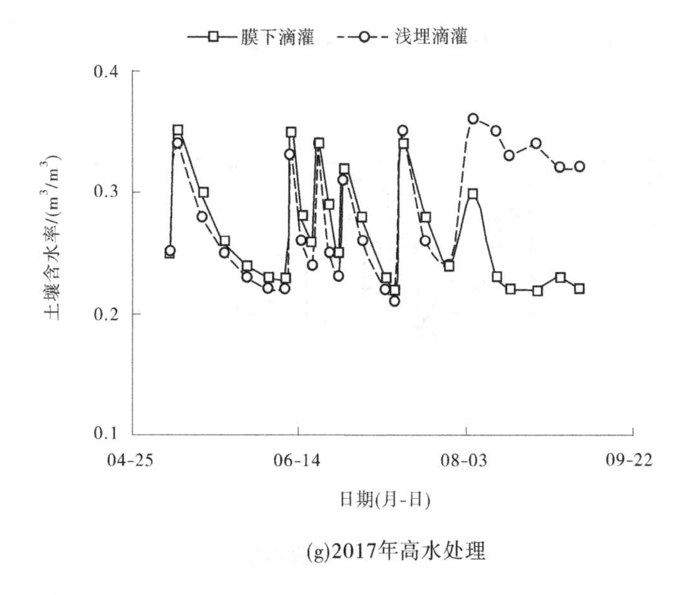

(g)2017年高水处理

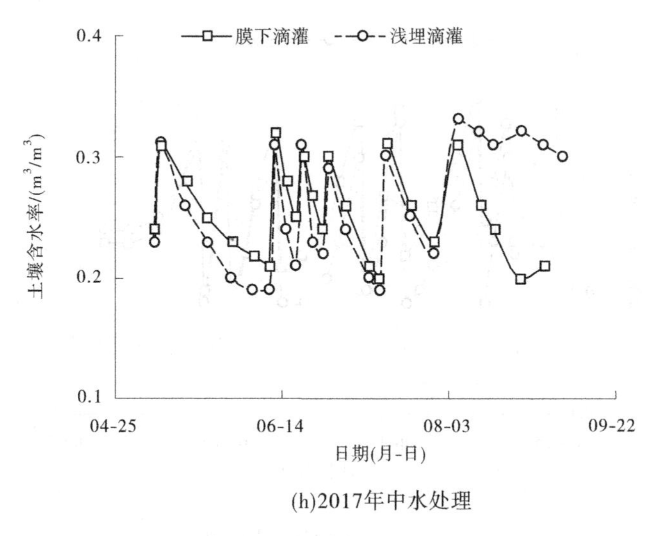

(h)2017年中水处理

续图 7-1

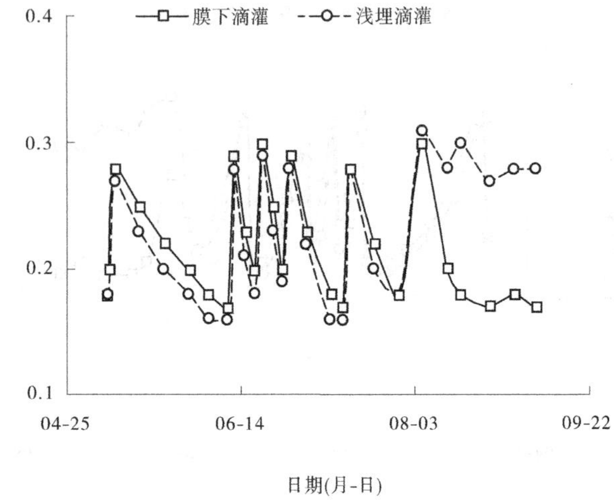

(i)2017年低水处理

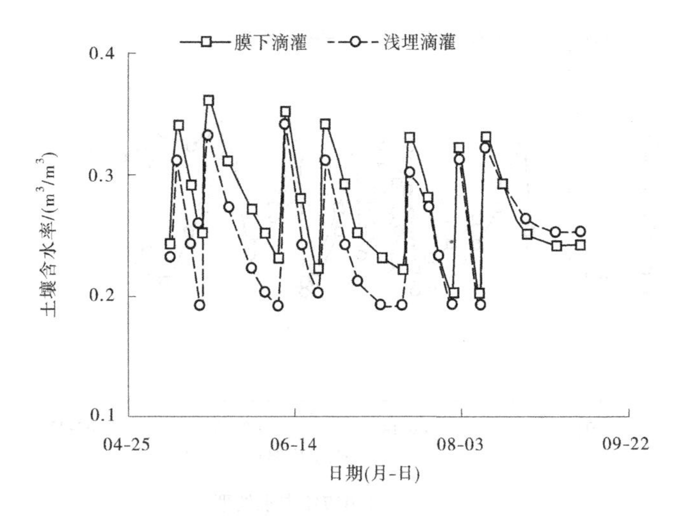

(j)2018年高水处理

续图 7-1

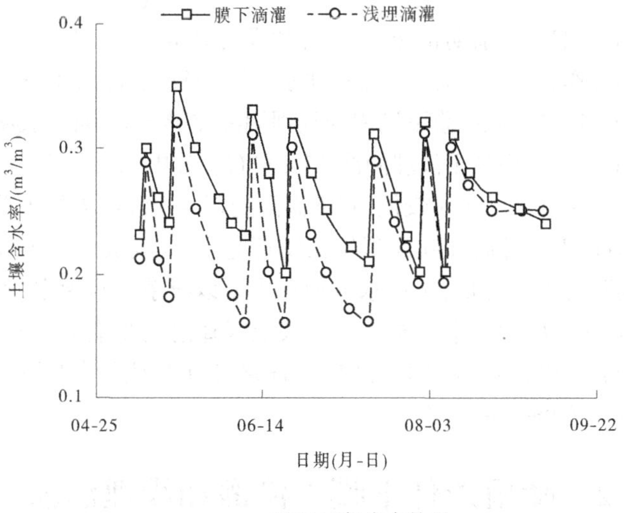

(k)2018年中水处理

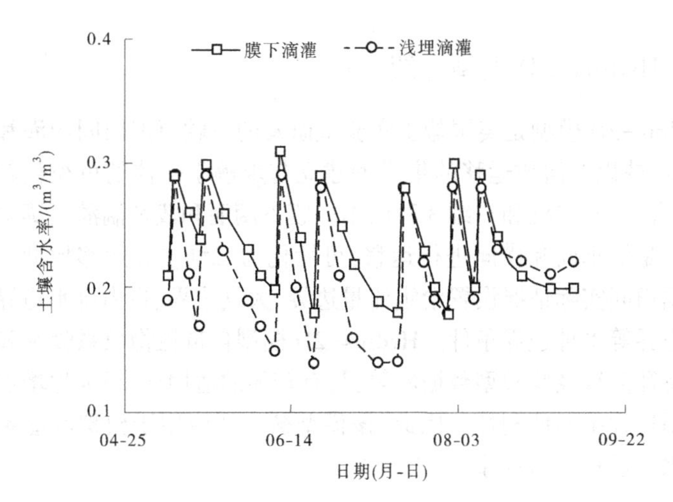

(l)2018年低水处理

续图 7-1

生育期土壤含水率前期和后期较低,生育中期较高。灌水或降雨时土壤含水率增大。前期植株较小,叶片没有完全展开,对土壤表面遮盖程度较低,作物对水分需求不高,灌水和降雨较低,此时土壤水分消耗主要为土壤水分蒸发,膜下滴灌与浅埋滴灌差异较大,研究表明膜下滴灌平均土壤含水率高于浅埋滴灌 25%左右。其中,2017 年前期基本没有降雨,土壤含水率相对较低,膜下滴灌处理与浅埋滴灌处理差异不大。生育后期玉米株高和叶面积生长发育完全,土壤被玉米植株完全遮盖,土壤蒸发大大降低,土壤水分消耗主要以根系吸水为主,膜下滴灌与浅埋滴灌土壤含水率差异不大。该地区降雨主要集中在七八月,特别是 2017 年和 2018 年降雨量较大,研究表明浅埋滴灌平均土壤含水率高于膜下滴灌 35%左右。

7.2 降雨条件下膜下滴灌和浅埋滴灌土壤水分分布模拟

7.2.1 Hydrus-2D 模型介绍

Hydrus-2D 模型是美国盐土实验室研发的一款模拟田间沟灌和滴灌土壤水、热以及溶质运移的集模型建立与求解于一体的可视化软件模型,包含一维、二维和三维 3 种版本。膜下滴灌和浅埋滴灌土壤水分入渗主要是沿垂向和横向进行运移,可简化为二维水分运移模型。该模型根据田间实际情况设置给定流量边界、大气边界、自由排水边界和定水头边界等多种边界条件。Hydrus-2D 模型自带植物根系吸水和土壤水分特征曲线经验模型数据库等,具有较强的适用性,极大地增加了模型应用过程中的便利性。因此,该模型被广泛应用于模拟滴灌条件下土壤水分运移分布规律。

7.2.2 基本方程

7.2.2.1 土壤水分运动基本方程

膜下滴灌和浅埋滴灌水分运动过程可简化为二维非饱和带土壤水

分运动方程,以地表为基准面,通过 Richards 方程构建土壤水分运动方程:

$$\frac{\partial\theta(h)}{\partial t}=\frac{\partial}{\partial r}\left[K(h)\frac{\partial h}{\partial r}\right]+\frac{\partial}{\partial z}\left[K(h)\frac{\partial h}{\partial z}+K(h)\right]-S(h) \quad (7\text{-}1)$$

式中:θ 为土壤体积含水率,m^3/m^3;$K(h)$ 为非饱和导水率,cm/d;h 为压力水头,cm;r 为横坐标;z 为纵坐标(向上为正);t 为时间,d;$S(h)$ 为根系吸水速率,cm/d。

7.2.2.2　土壤水力模型

Hydrus-2D 模型提供 6 种土壤水力模型,本书采用一般 Van Genuchten-Mualem 模型:

$$\theta(h)=\begin{cases}\theta_r+\dfrac{\theta_s-\theta_r}{(1+|\alpha h|^n)^m} & \left(h<0,m=1-\dfrac{1}{n},n>1\right)\\ \theta_s & (h\geqslant 0)\end{cases} \quad (7\text{-}2)$$

式中:θ_r 为剩余含水率,m^3/m^3;θ_s 为饱和含水率,m^3/m^3;h 为压力水头,cm;α、m、n 均为经验常数。

7.2.2.3　根系吸水模型

根系吸水模型包括 Feddes 模型和 S-Shape 模型,本研究采用 Feddes 模型,计算公式为

$$S(h)=\alpha(h)S_p \quad (7\text{-}3)$$

式中:$S(h)$ 为根系吸水速率;S_p 为潜在根系吸水量;$\alpha(h)$ 为水分胁迫响应函数。

Feddes 模型概化出 $\alpha(h)$ 的表达式为

$$\alpha(h)=\begin{cases}\dfrac{h-h_1}{h_2-h_1} & (h_2<h\leqslant h_1)\\ 1 & (h_3<h\leqslant h_2)\\ \dfrac{h-h_4}{h_3-h_4} & (h_4<h\leqslant h_3)\end{cases} \quad (7\text{-}4)$$

式中:h_1 为厌氧点压力水头;h_4 为凋萎点压力水头;h_2 和 h_3 为最优生长点压力水头。

根据 Wesseling 的研究,对于玉米生长,$h_1=-10$ cm,$h_2=-25$ cm,$h_3=-325\sim600$ cm,$h_4=-8\ 000$ cm。

7.2.2.4 蒸腾蒸发量

Hydrus-2D 模型需要划分潜在蒸发量 E_c 和作物蒸腾量 T_c:

$$T_c = ET_c(1 - e^{-\mu\cdot LAI}) \tag{7-5}$$

$$E_c = ET_c - T_c \tag{7-6}$$

式中:LAI 为叶面积指数;μ 为植物冠层辐射衰减系数。

7.2.3 初始条件及边界条件设定

滴灌试验对称布置,选取试验小区一半宽度的种植单元进行模拟,AC 为覆膜区,宽度为 35 cm。初始条件为播种后模拟区域不同位置的 0~100 cm 土层(A 滴灌带下方 $r=0$ cm、B 玉米苗间 $r=17.5$ cm、C 膜边 $r=35$ cm 和 D 膜外 $r=47.5$ cm)实测含水率。膜下滴灌处理上边界分为覆膜区和不覆膜区,其中 0~35 cm 为覆膜边界,35~60 cm 为不覆膜边界。浅埋滴灌处理上边界 0~60 cm 均为不覆膜边界。由于模型模拟时段较长,可忽略灌水过程中饱和区半径随时间的变化,假设其为定值 R_s,覆膜区和浅埋饱和区在灌水过程中为随时间变化的通量边界,不饱和区为零通量边界,灌水结束后土壤表面覆膜区域为零通量边界。不覆膜区域上边界条件始终为大气边界。研究区地下水埋深为 7~8 m,故膜下滴灌和浅埋滴灌下边界均为自由排水边界,左右边界均为零通量边界(见图 7-2)。

初始条件:

$$h(r,z,t) = h_0(r,z) \quad (0 \leqslant r \leqslant 60, t = 0, -100 \leqslant z \leqslant 0) \tag{7-7}$$

上边界条件:

(1)膜下滴灌:

$$\begin{cases} -K(h)\dfrac{\partial h}{\partial z} - K(h) = \sigma(t) & (0 \leqslant r \leqslant R_s, t > 0, z = 0) \\ -K(h)\dfrac{\partial h}{\partial z} - K(h) = 0 & (R_s < r < 35, t > 0, z = 0) \\ -K(h)\left(\dfrac{\partial h}{\partial z} + 1\right) = E(t) & (35 \leqslant r \leqslant 60, t > 0, z = 0) \end{cases} \tag{7-8}$$

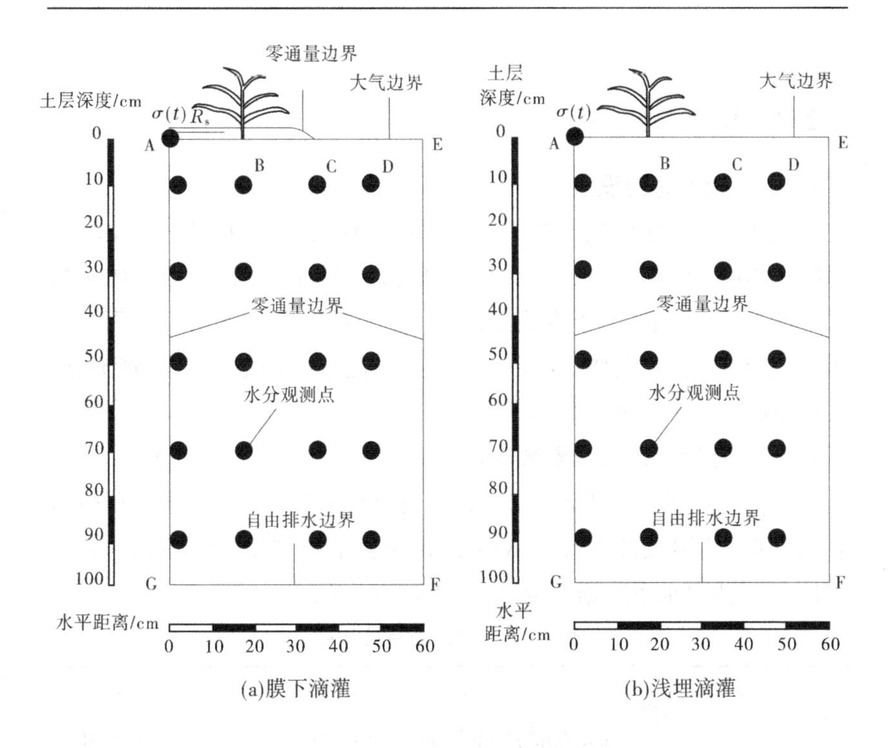

(a)膜下滴灌　　(b)浅埋滴灌

图 7-2　种植模式和边界条件

(2)浅埋滴灌:

$$-K(h)\left(\frac{\partial h}{\partial z}+1\right)=E(t)\quad(0\leqslant r\leqslant 60,t>0,z=0)\qquad(7\text{-}9)$$

左右边界条件:

$$-K(h)\frac{\partial h}{\partial r}=0\quad(r=0,r=60,t>0,\ 0\leqslant z\leqslant 60)\qquad(7\text{-}10)$$

下边界条件:

$$\frac{\partial h}{\partial z}=0\quad(0\leqslant r\leqslant 60,t>0,z=-100)\qquad(7\text{-}11)$$

式中:h_0 为初始水头,cm;$E(t)$ 为土壤入渗率或潜在蒸发率,cm/d;$\sigma(t)$ 为灌水过程中进水边界通量,$\sigma(t)=Q(t)/\pi R_s^2$,其中 R_s 为灌水饱和区半径。

7.2.4　模型参数率定

7.2.4.1　模型时空设置

模型参数率定时间从 2017 年 4 月 30 日至 9 月 20 日。模型验证时间从 2018 年 4 月 30 日至 9 月 20 日,共 144 d。依据收敛迭代次数调整计算时间步长,分别在滴灌带下、苗间、膜边、膜外侧 4 个断面上从距地表 10 cm 开始每隔 20 cm 设置 1 个观测点,每个断面 5 个观测点,共计 20 个观测点,如图 7-2 所示。

7.2.4.2　土壤水动力学参数确定

本研究根据土壤质地数据(砂粒、粉粒、黏粒体积百分比)和初始容重数据,使用软件内置的 Rosetta 模型预估土壤水力学参数。通过 2017 年实测含水率数据率定,率定结果见表 7-2。

表 7-2　土壤水力特性参数

土层/cm	土壤类别	θ_r/(cm^3/cm^3)	θ_s/(cm^3/cm^3)	α/(1/cm)	n	K_s/(cm/d)
0~20	粉砂壤土	0. 134 2	0. 403 3	0. 027 4	−1. 248 8	36. 50
20~40	黏壤土	0. 139 3	0. 400 8	0. 029 1	−1. 247 2	24. 63
40~80	黏土	0. 176 3	0. 483 2	0. 007 4	−1. 246 6	4. 46
80~100	壤质砂土	0. 050 9	0. 352 2	0. 068 3	−1. 246 3	180. 13

7.2.5　模型率定与验证

土壤含水率模拟值与实测值的率定与验证采用均方根误差(RMSE)、决定系数(R^2)和平均相对误差(MRE)3 个指标进行评价。

$$\mathrm{RMSE}=\left[\frac{\sum_{i=1}^{n}(P_i-O_i)^2}{n}\right]^{0.5}$$

$$R^2=\left\{\frac{\sum_{i=1}^{n}(O_i-\overline{O})(P_i-\overline{P})}{\left[\sum_{i=1}^{n}(O_i-\overline{O})^2\right]^{0.5}\left[\sum_{i=1}^{n}(P_i-\overline{P})^2\right]^{0.5}}\right\}$$

$$\mathrm{MRE}=\frac{1}{n}\sum_{i=1}^{n}\frac{|P_i-O_i|}{P_i}\times 100\% \tag{7-12}$$

式中：O_i 为实际观测值；P_i 为模型模拟值；$\overline{O}$ 和 $\overline{P}$ 分别为其平均值。

利用2017年数据进行参数率定，利用2018年数据进行模型验证。各处理模拟值与实测值误差分析结果如图7-3、图7-4所示。由图7-3、图7-4可知，各处理模拟值与实测值均匀地分布于1∶1线两侧，2017年浅埋滴灌与膜下滴灌RMSE分别为0.033 m³/m³和0.027 m³/m³、MRE分别为10.36%和8.52%、R^2 分别为0.92和0.93，率定精度较高。利用2018年数据验证土壤含水率，结果显示，膜下滴灌与浅埋滴灌RMSE均为0.029 m³/m³、MRE分别为9.52%和8.78%、R^2 分别为0.92和0.91，精度仍然较高，故基于Hydrus-2D模型膜下滴灌与浅埋滴灌土壤水分分布模拟满足精度要求。

7.2.6　降雨条件下膜下滴灌与浅埋滴灌土壤水分分布二维特征

根据2015~2018年降雨数据，将降雨分为10 mm级、20 mm级、30 mm级、40 mm级、50 mm级和50 mm级以上等6个降雨级别。选取有代表性的6次降雨，以剖面土壤水分为研究对象，分析雨前1 d、雨后1 d和雨后5 d的土壤水分分布规律（见图7-5~图7-10）。降雨前膜下滴灌处理覆膜区域由于薄膜保墒作用在0~40 cm土层形成了高含水率

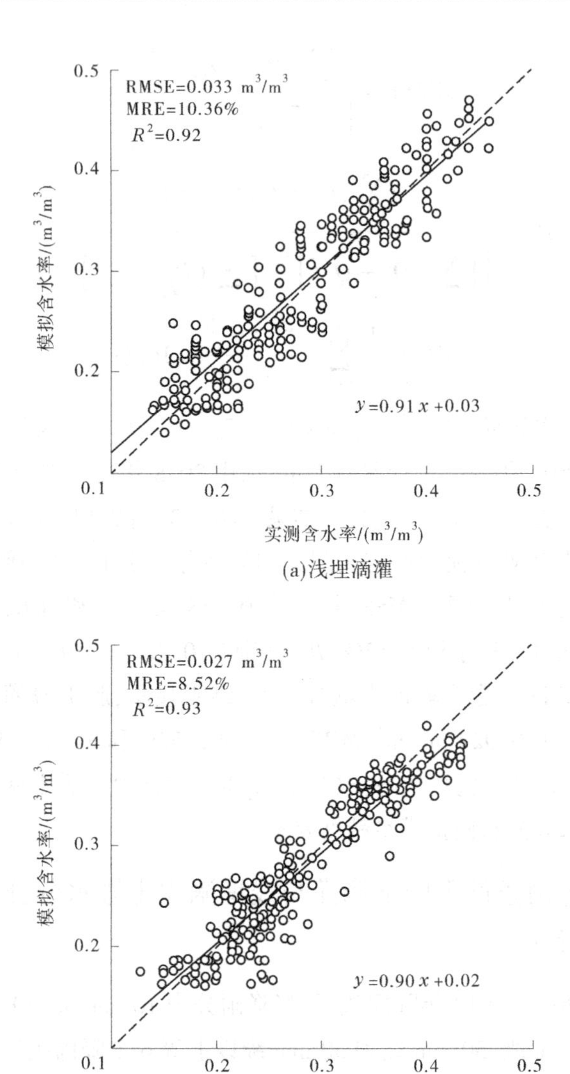

(a)浅埋滴灌

(b)膜下滴灌

图 7-3　模型率定的土壤含水率模拟值与实测值比较(2017 年)

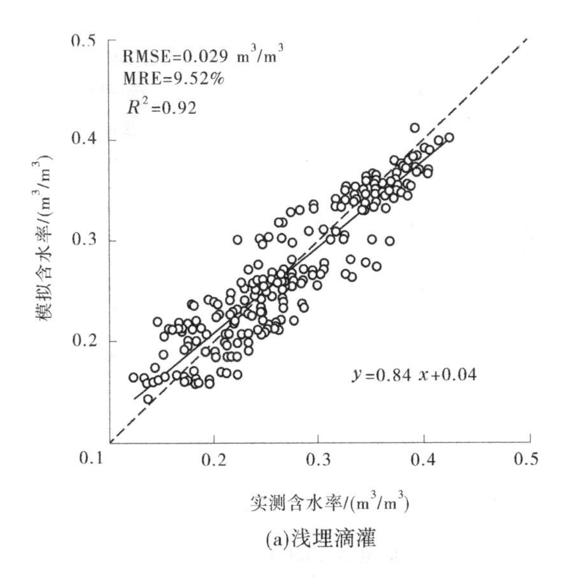

(a)浅埋滴灌

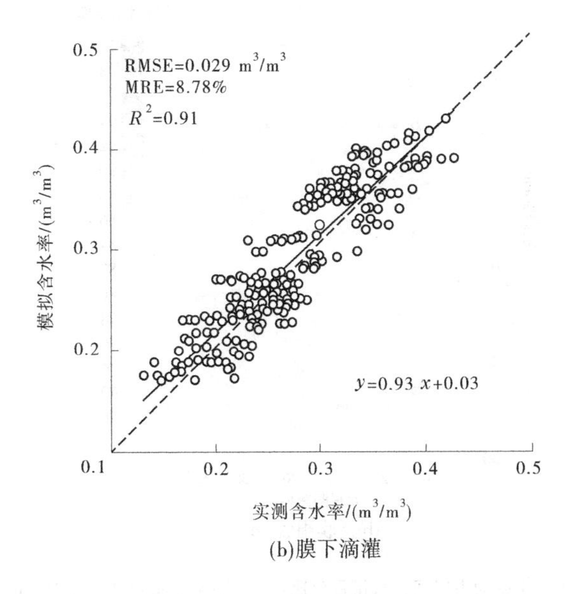

(b)膜下滴灌

图7-4 模型验证的土壤含水率模拟值与实测值比较(2018年)

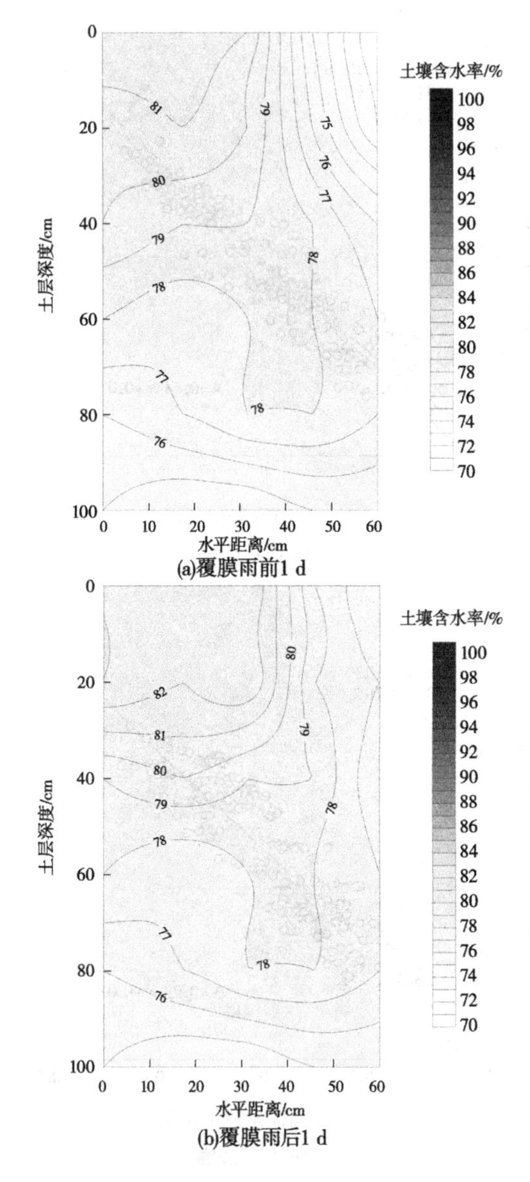

(a)覆膜雨前1 d

(b)覆膜雨后1 d

注:图中土壤含水率为占田间持水量百分比;　　为地膜,覆膜区域为 35 cm,下同。

图 7-5　10 mm 级降雨条件下滴灌农田土壤水分二维分布

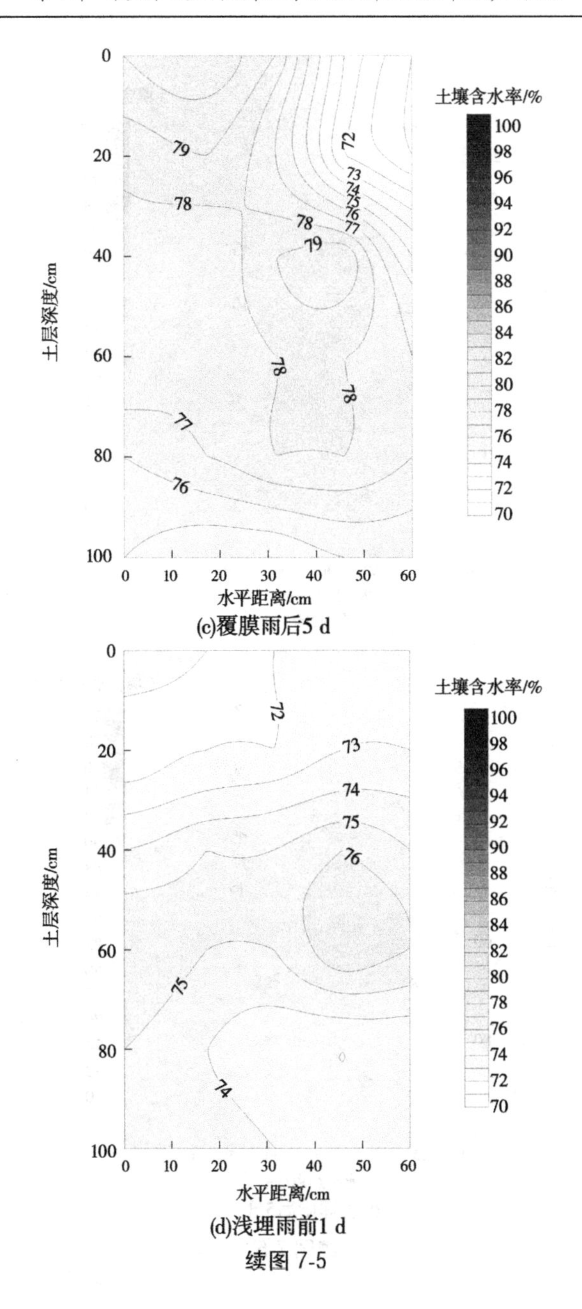

(c)覆膜雨后5 d

(d)浅埋雨前1 d

续图 7-5

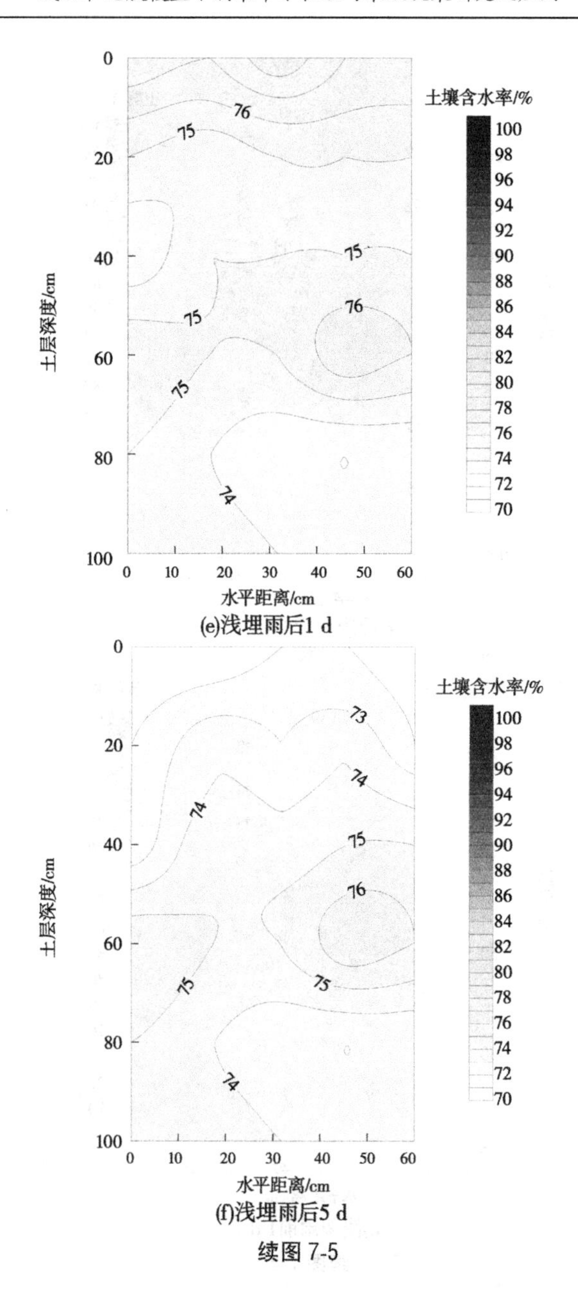

(e)浅埋雨后1 d

(f)浅埋雨后5 d

续图 7-5

区域。土壤含水率高于无薄膜覆盖区域 9%~13%,40 cm 以下土层土壤含水率不受薄膜覆盖影响。降雨后 1 d 形成了降雨湿润区,降雨湿润区分布在 0~80 cm 内,随着降雨量的增加而增大。10 mm 级降雨的降雨湿润区为 0~20 cm 土层,20~50 mm 级降雨的降雨湿润区为 0~40 cm 土层,50 mm 级以上降雨的降雨湿润区为 0~80 cm 土层。膜下滴灌由于薄膜截流作用使覆膜区域与大气隔绝,研究表明膜下滴灌条件下薄膜对降雨的截流量为 26%~35%。降雨湿润区在水平方向膜外区域 35~60 cm 的位置,该区域无薄膜截流降雨可直接进入土壤,雨后 1 d 土壤含水率显著增大。当降雨量在 20~40 mm 时,雨后 1 d 膜边位置(水平距离 30 cm)处,土壤含水率高于膜外侧,研究表明膜边位置降雨入渗量高于膜外侧 2%~6%,当降雨量低于 20 mm 或高于 40 mm 时,覆膜边界效应不存在,这是由于膜上存留的降雨通过横向运移从膜边进入土壤导致的。当降雨量低于 20 mm 时,降雨量较小,薄膜上的降雨不足以产生横向运移。当降雨量高于 40 mm 时,薄膜上存留的降雨较多,会产生一个凹面导致雨水很难从膜边进入土壤。从图 7-5~图 7-10 中雨后 1 d 的土壤含水率分布情况来看,当降雨量高于 30 mm 时,会在 0~35 cm 土层内形成降雨湿润饱和区,膜下滴灌的降雨湿润饱和区面积为 374~1 440 cm^2,浅埋滴灌的降雨湿润饱和区面积为 1 260~1 440 cm^2。浅埋滴灌降雨湿润饱和区面积比膜下滴灌大,降雨量越小,差值越大。当降雨量为 30 mm 时,浅埋滴灌降雨湿润饱和区面积为膜下滴灌的 3.4 倍。降雨量高于 50 mm 时,浅埋滴灌与膜下滴灌的降雨湿润饱和区面积相等。雨后 5 d 覆膜阻断了土壤水分蒸发,含水率降低幅度较小。膜外区域和浅埋滴灌土壤水分在蒸发作用下迅速散失,含水率急剧降低。

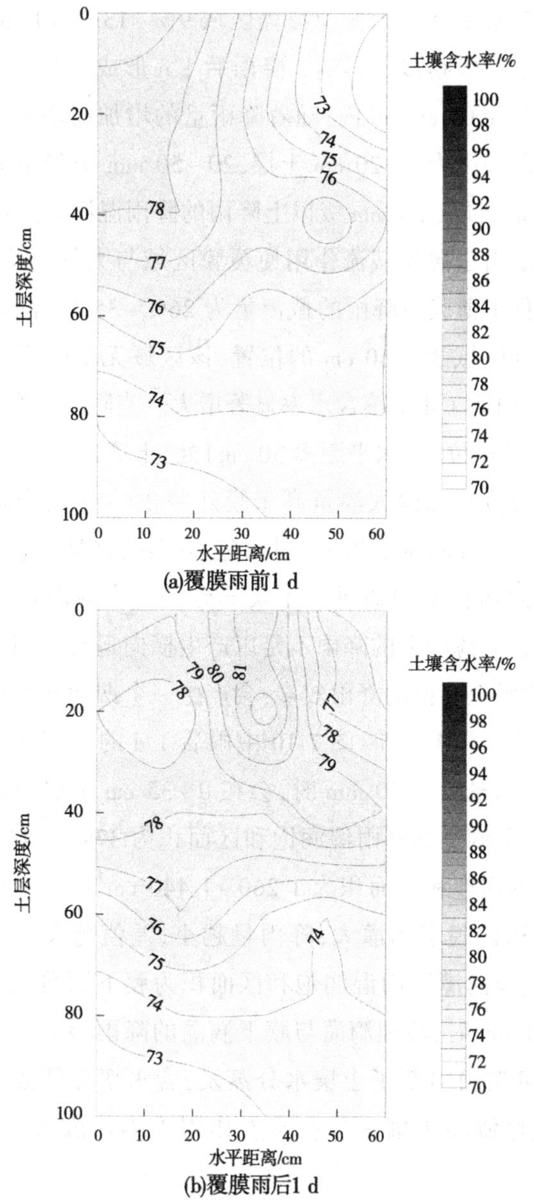

(a)覆膜雨前1 d

(b)覆膜雨后1 d

图 7-6　20 mm 级降雨条件下滴灌农田土壤水分二维分布

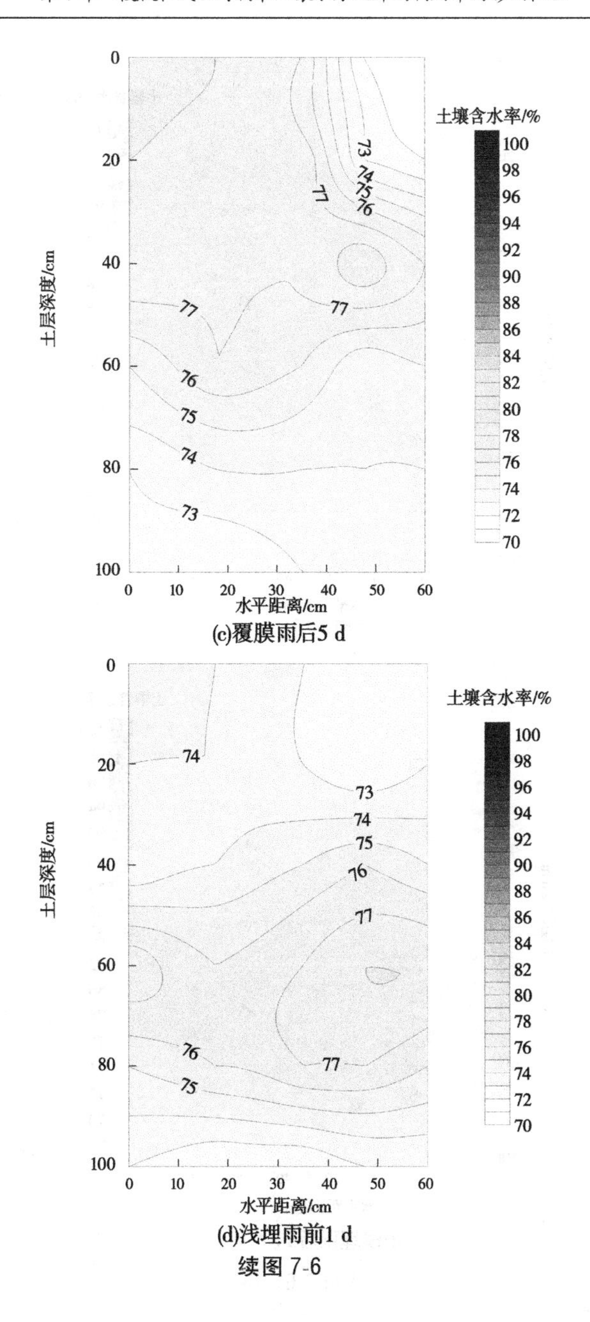

(c)覆膜雨后5 d

(d)浅埋雨前1 d

续图 7-6

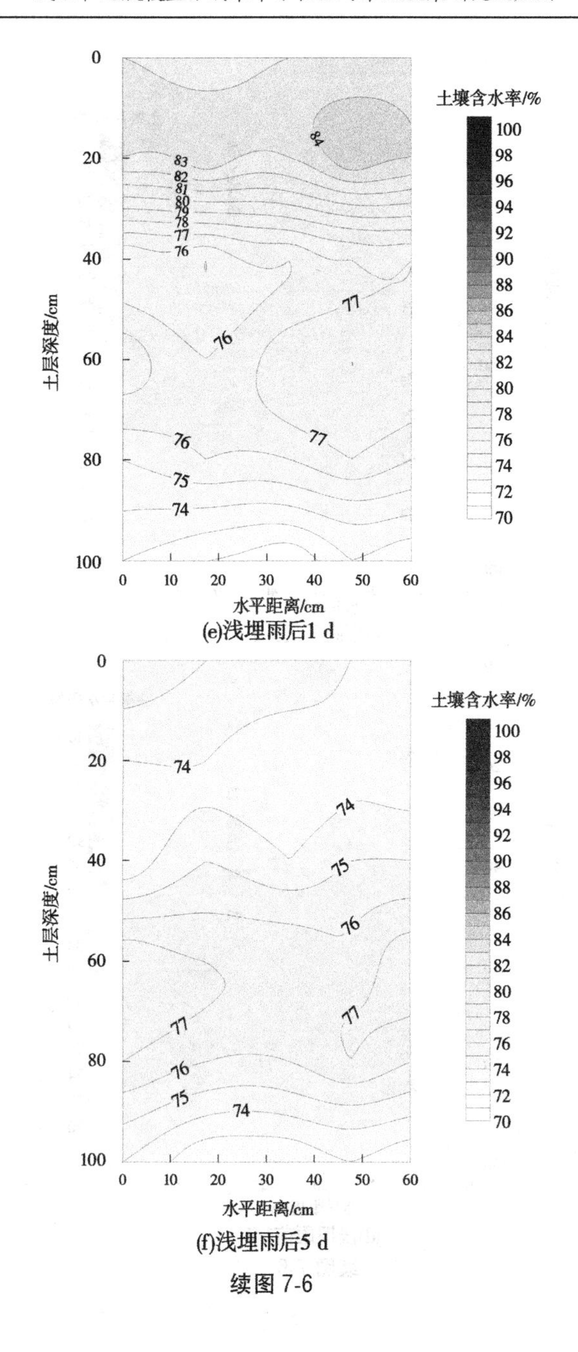

(e)浅埋雨后1 d

(f)浅埋雨后5 d

续图 7-6

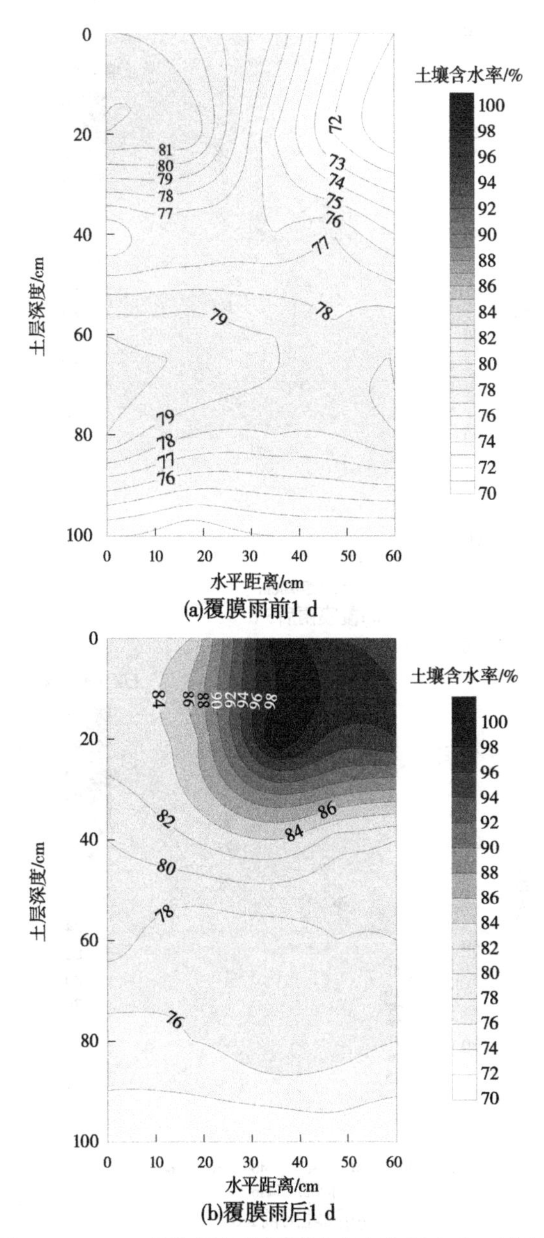

(a)覆膜雨前1 d

(b)覆膜雨后1 d

图 7-7　30 mm 级降雨条件下滴灌农田土壤水分二维分布

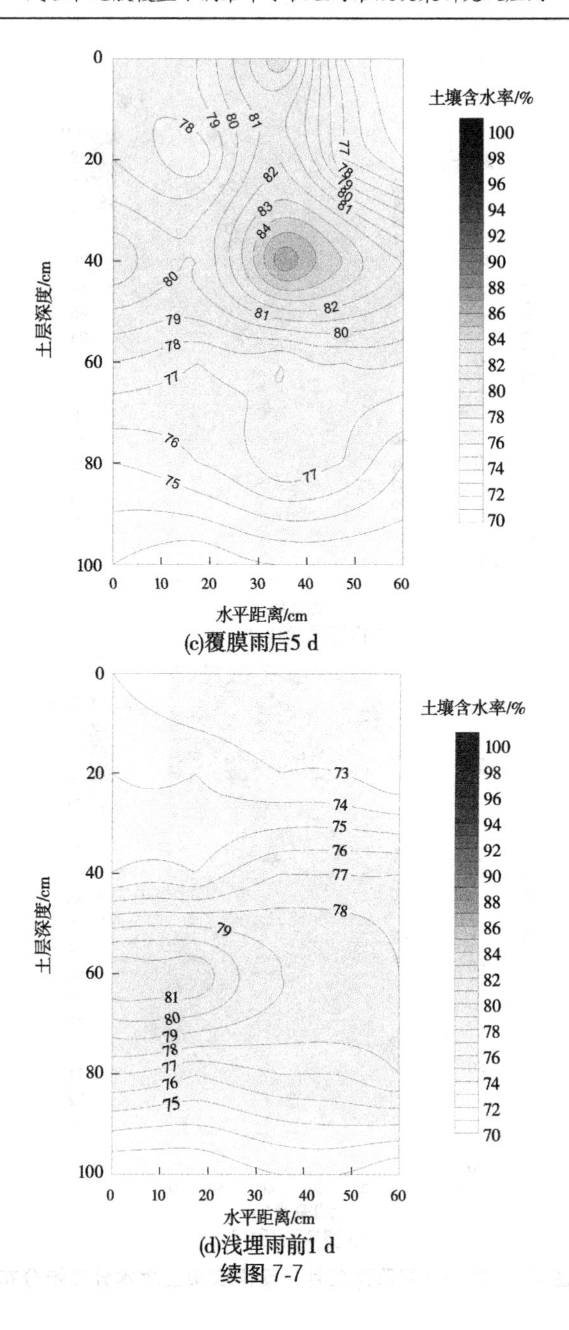

(c)覆膜雨后5 d

(d)浅埋雨前1 d

续图 7-7

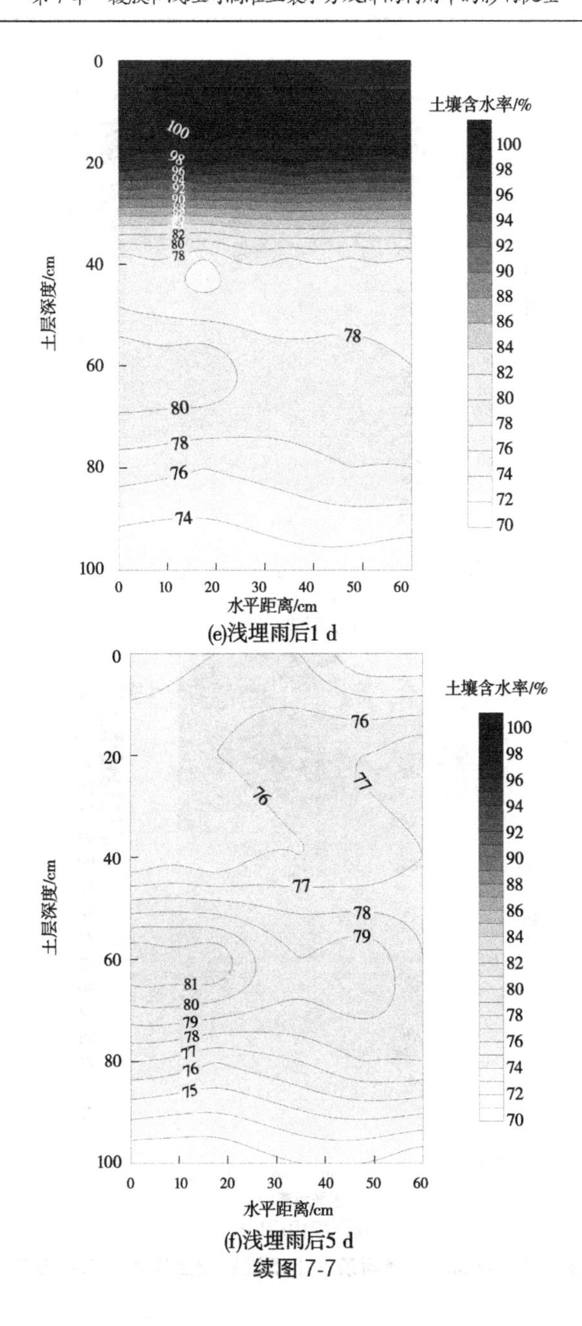

(e)浅埋雨后1 d

(f)浅埋雨后5 d

续图 7-7

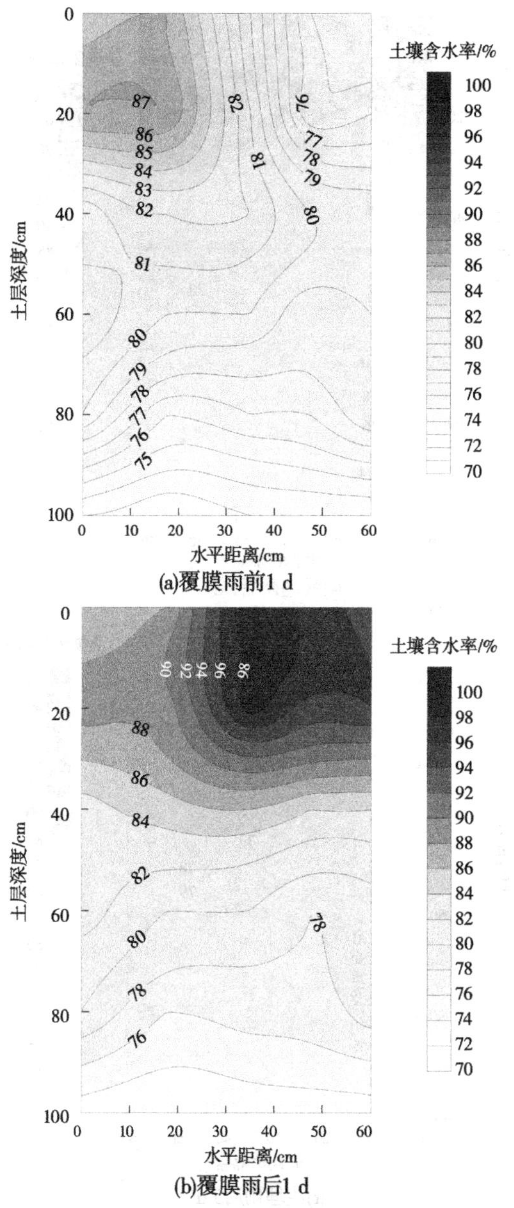

图 7-8　40 mm 级降雨条件下滴灌农田土壤水分二维分布

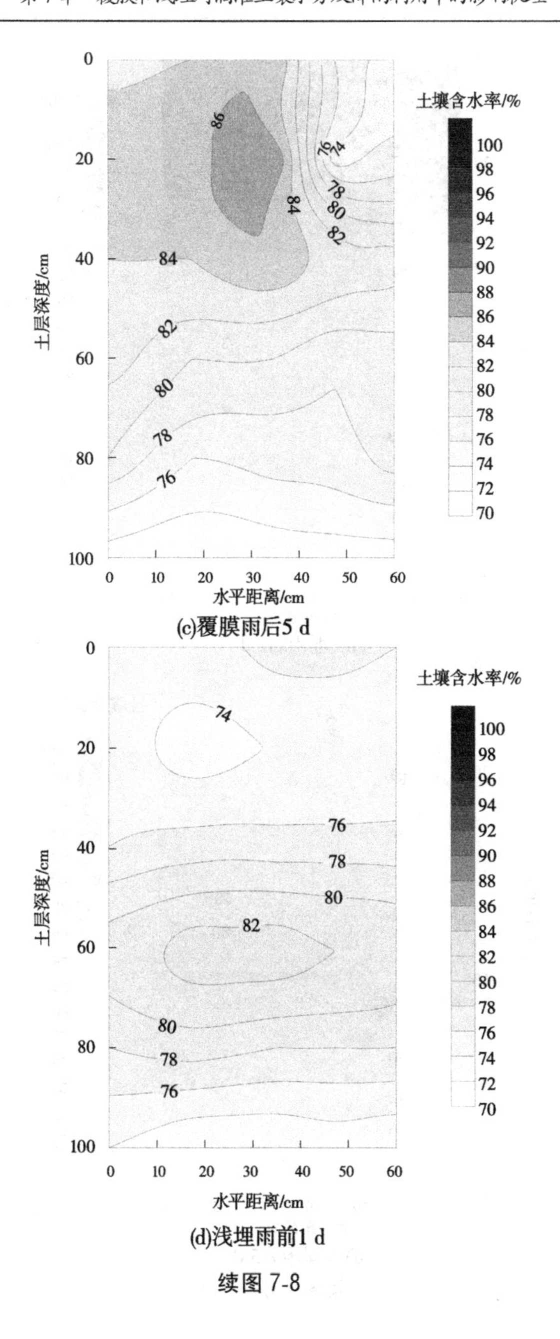

(c)覆膜雨后5 d

(d)浅埋雨前1 d

续图 7-8

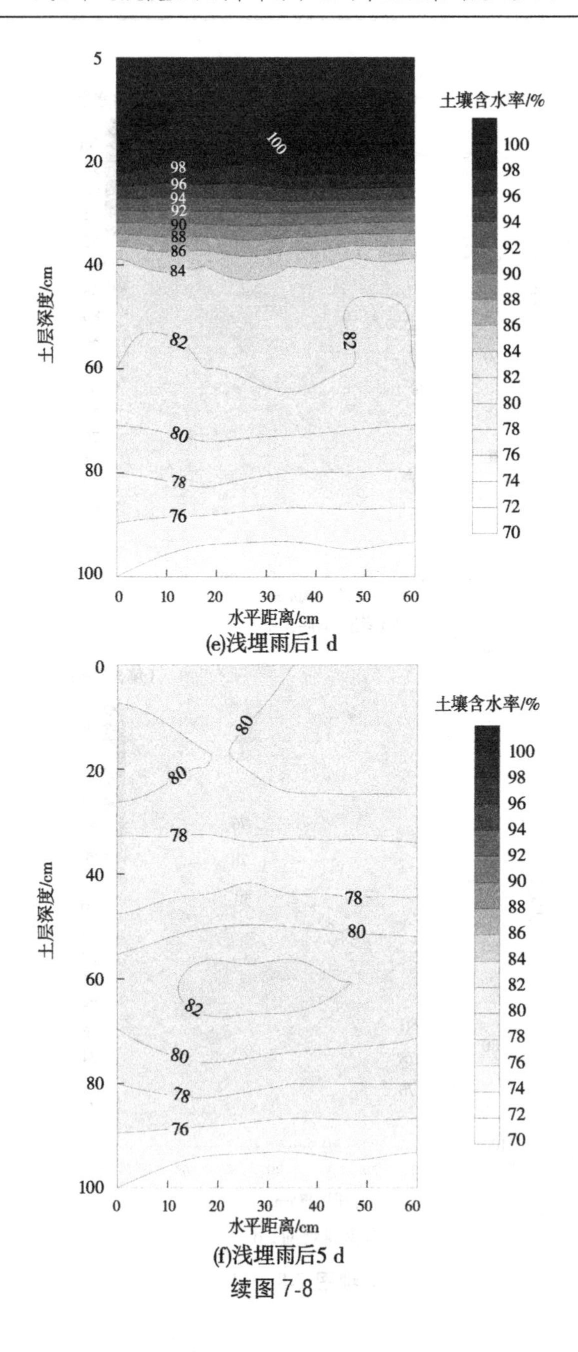

(e)浅埋雨后1 d

(f)浅埋雨后5 d

续图 7-8

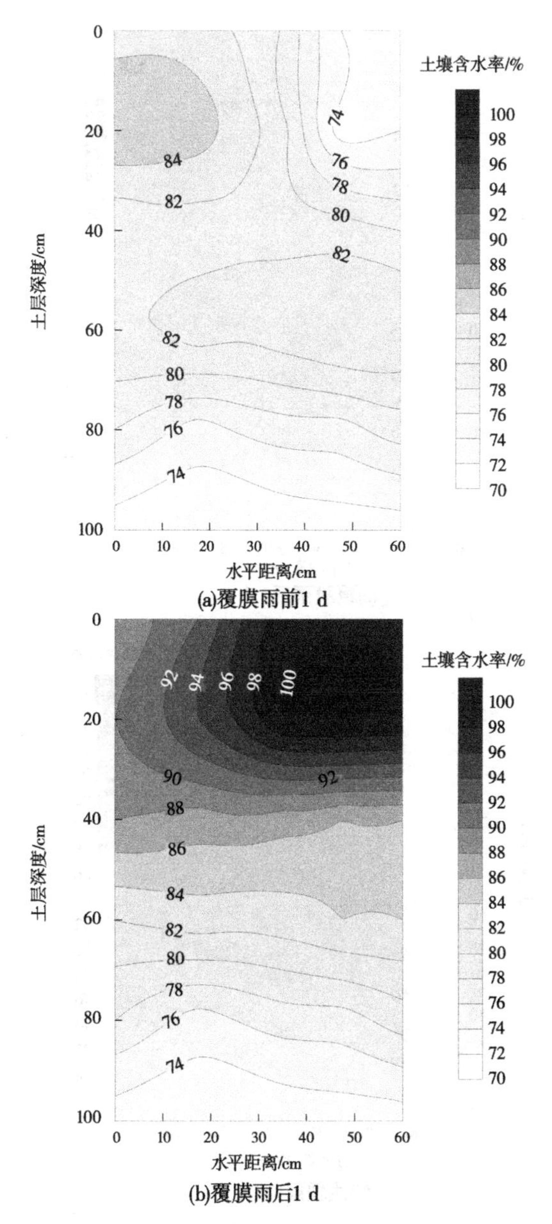

(a)覆膜雨前1 d

(b)覆膜雨后1 d

图 7-9　50 mm 级降雨条件下滴灌农田土壤水分二维分布

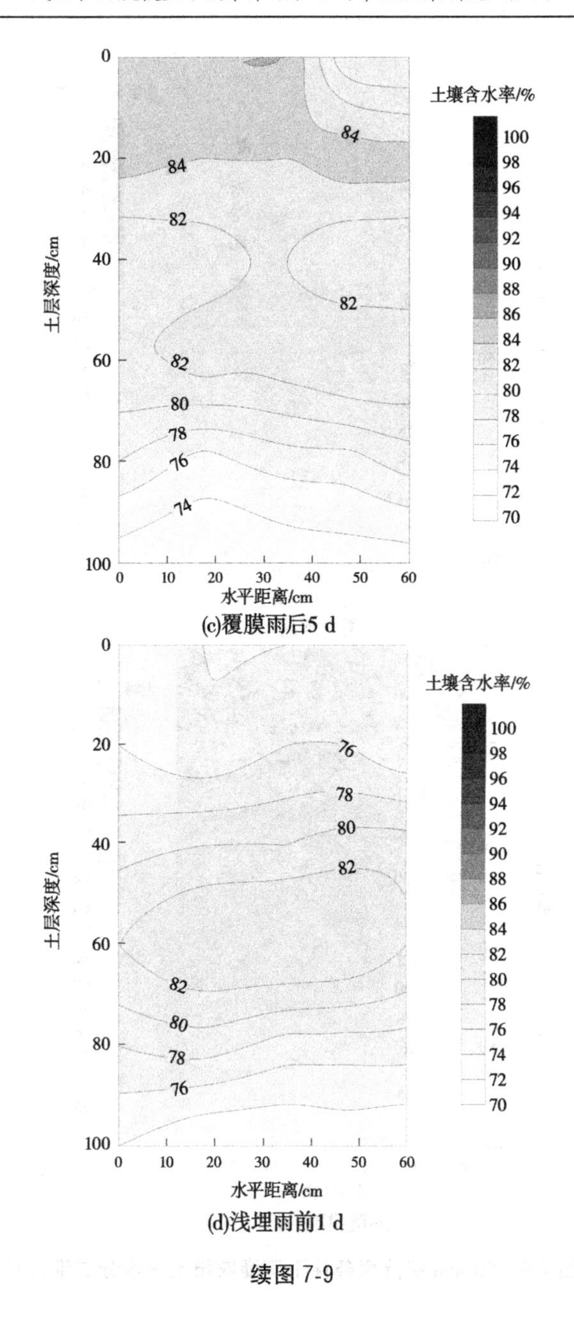

(c)覆膜雨后5 d

(d)浅埋雨前1 d

续图 7-9

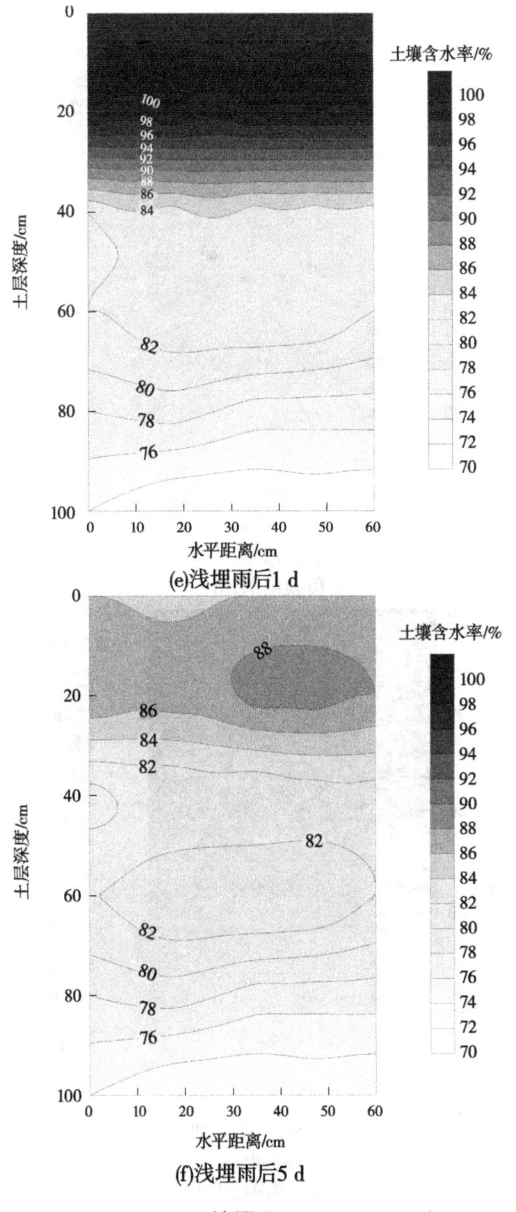

(e)浅埋雨后1 d

(f)浅埋雨后5 d

续图 7-9

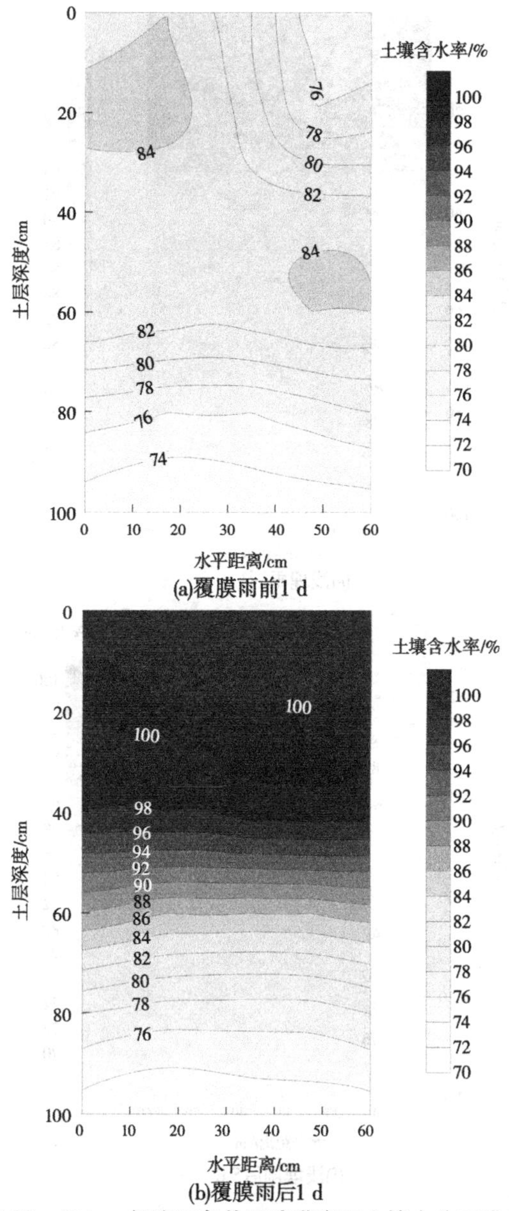

图 7-10　60 mm 级降雨条件下滴灌农田土壤水分二维分布

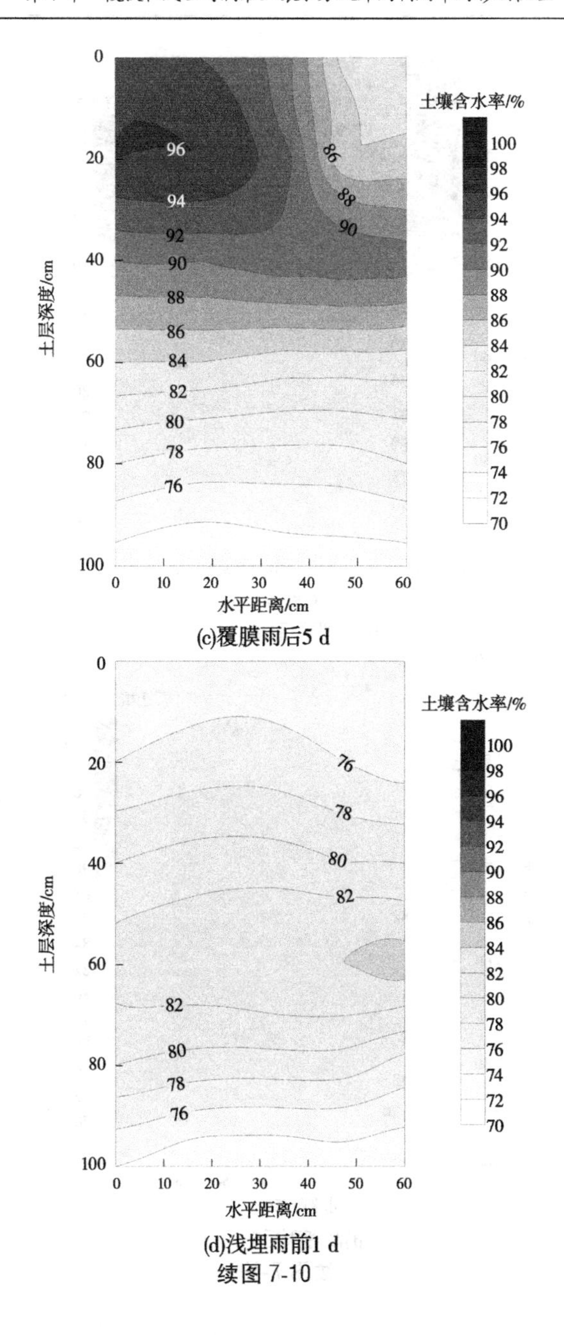

(c)覆膜雨后5 d

(d)浅埋雨前1 d

续图 7-10

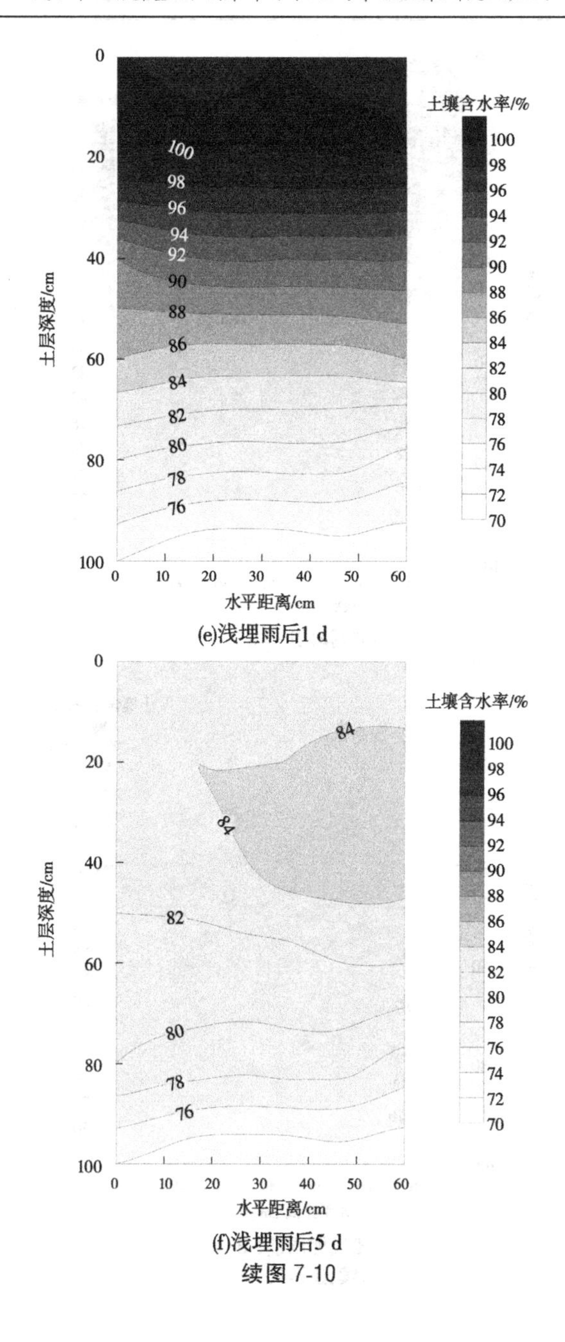

(e)浅埋雨后1 d

(f)浅埋雨后5 d

续图 7-10

7.3　滴灌条件下降雨利用率研究

表7-3~表7-14为2015~2018年苗间位置不同土层降雨利用率,2015年和2018年生育期内的降雨较少,2016年和2017年降雨较多,抽雄期以后降雨量较多且较大。2015年膜下滴灌平均降雨利用率为49%、浅埋滴灌为72%,2016年膜下滴灌平均降雨利用率为47%、浅埋滴灌为77%, 2017年膜下滴灌平均降雨利用率为32%、浅埋滴灌为67%,2018年膜下滴灌平均降雨利用率为45%、浅埋滴灌为78%。

2015年播种-出苗期(5月20日)降雨量6 mm,膜下滴灌有效降雨利用量3.74 mm,降雨利用率为62%;浅埋滴灌有效降雨利用量5.11 mm,降雨利用率为85%。出苗-拔节期(6月12日)膜下滴灌有效降雨利用量4.72 mm,降雨利用率为45%;浅埋滴灌有效降雨利用量8.49 mm,降雨利用率为82%。拔节-抽雄期(6月29日)膜下滴灌有效降雨利用量3.34 mm,降雨利用率为21%;浅埋滴灌有效降雨利用量10.90 mm,降雨利用率为70%。拔节-抽雄期(7月22日)膜下滴灌有效降雨利用量3.63 mm,降雨利用率为16%;浅埋滴灌有效降雨利用量10.40 mm,降雨利用率为47%。抽雄-灌浆期(8月20日)膜下滴灌有效降雨利用量7.20 mm,降雨利用率为20%,浅埋滴灌有效降雨利用量20.55 mm,降雨利用率为57%;20~40 cm土层膜下滴灌有效降雨利用量6.71 mm,降雨利用率为19%,浅埋滴灌有效降雨利用量13.74 mm,降雨利用率为38%。灌浆-成熟期(8月30日)膜下滴灌有效降雨利用量3.42 mm,降雨利用率为21%;浅埋滴灌有效降雨利用量9.28 mm,降雨利用率为57%。

表 7-3　2015 年 0~20 cm 降雨利用率

日期(月-日)	生长阶段	覆膜与否	土壤储水量变化/mm	蒸腾蒸发量 ET/mm	有效降雨量 P_0/mm	降雨量 P/mm	降雨利用率/%
05-20	播种-出苗期	覆膜	2.66	1.08	3.74	6	62
		浅埋	3.90	1.21	5.11		85
06-12	出苗-拔节期	覆膜	3.26	1.46	4.72	10.4	45
		浅埋	6.62	1.87	8.49		82
06-29	拔节-抽雄期	覆膜	1.14	2.2	3.34	15.6	21
		浅埋	7.70	3.2	10.90		70
07-22	拔节-抽雄期	覆膜	1.43	2.2	3.63	22.2	16
		浅埋	7.20	3.2	10.40		47
08-20	抽雄-灌浆期	覆膜	4.36	2.84	7.20	36	20
		浅埋	17.13	3.42	20.55		57
08-30	灌浆-成熟期	覆膜	3.42	0	3.42	16.4	21
		浅埋	9.28	0	9.28		57

表 7-4　2015 年 20~40 cm 降雨利用率

日期(月-日)	生长阶段	覆膜与否	土壤储水量变化/mm	蒸腾蒸发量 ET/mm	有效降雨量 P_0/mm	降雨量 P/mm	降雨利用率/%
08-20	抽雄-灌浆期	覆膜	4.80	1.91	6.71	36	19
		浅埋	11.60	2.14	13.74		38

2016 年 0~20 cm 土层出苗-拔节期(6 月 10 日)降雨量 26.6 mm，膜下滴灌有效降雨利用量 12.32 mm，降雨利用率为 46%，浅埋滴灌有效降雨利用量 19.20 mm，降雨利用率为 72%；20~40 cm 土层膜下滴灌有效降雨利用量 2.62 mm，降雨利用率为 10%，浅埋滴灌有效降雨利用量 5.49 mm，降雨利用率为 21%。出苗-拔节期(6 月 22 日)膜下滴灌

有效降雨利用量 14.12 mm，降雨利用率为 26%，浅埋滴灌有效降雨利用量 24.84 mm，降雨利用率为 46%；20～40 cm 土层膜下滴灌有效降雨利用量 18.87mm，降雨利用率为 35%，浅埋滴灌有效降雨利用量 13.01 mm，降雨利用率为 24%；40～60 cm 土层膜下滴灌有效降雨利用量 4.03 mm，降雨利用率为 7%，浅埋滴灌有效降雨利用量 11.04 mm，降雨利用率为 21%。拔节-抽雄期(7 月 28 日)膜下滴灌有效降雨利用量 7.76 mm，降雨利用率为 33%，浅埋滴灌有效降雨利用量 12.72 mm，降雨利用率为 54%；20～40 cm 土层膜下滴灌有效降雨利用量 4.80 mm，降雨利用率为 20%，浅埋滴灌有效降雨利用量 5.16 mm，降雨利用率为 21%。抽雄-灌浆期(7 月 31 日)膜下滴灌有效降雨利用量 3.40 mm，降雨利用率为 42%；浅埋滴灌有效降雨利用量 5.10 mm，降雨利用率为 64%。抽雄-灌浆期(8 月 18 日)膜下滴灌有效降雨利用量 4.11 mm，降雨利用率为 25%；浅埋滴灌有效降雨利用量 9.92 mm，降雨利用率为 60%。灌浆-成熟期(8 月 31 日)膜下滴灌有效降雨利用量 12.27 mm，降雨利用率为 41%，浅埋滴灌有效降雨利用量 17.80 mm，降雨利用率为 59%；20～40 cm 土层膜下滴灌有效降雨量 7.53 mm，降雨利用率为 24%，浅埋滴灌有效降雨利用量 5.89 mm，降雨利用率为 19%。各次降雨均未对 60 cm 以下土层产生影响。

表 7-5　2016 年 0～20 cm 降雨利用率

日期(月-日)	生长阶段	覆膜与否	土壤储水量变化/mm	蒸腾蒸发量 ET/mm	有效降雨量 P_0/mm	降雨量 P/mm	降雨利用率/%
06-10	出苗-拔节期	覆膜	11.26	1.06	12.32	26.6	46
		浅埋	18.20	1	19.20		72
06-22	出苗-拔节期	覆膜	12.70	1.42	14.12	53.81	26
		浅埋	23.64	1.2	24.84		46
07-28	拔节-抽雄期	覆膜	5.14	2.62	7.76	23.6	33
		浅埋	9.52	3.2	12.72		54

续表 7-5

日期（月-日）	生长阶段	覆膜与否	土壤储水量变化/mm	蒸腾蒸发量 ET/mm	有效降雨量 P_0/mm	降雨量 P/mm	降雨利用率/%
07-31	抽雄-灌浆期	覆膜	0.78	2.62	3.40	8	42
		浅埋	1.22	3.88	5.10		64
08-18	抽雄-灌浆期	覆膜	1.68	2.43	4.11	16.4	25
		浅埋	6.02	3.9	9.92		60
08-31	灌浆-成熟期	覆膜	11.4	0.87	12.27	30.2	41
		浅埋	16.60	1.2	17.80		59

表 7-6　2016 年 20～40 cm 降雨利用率

日期（月-日）	生长阶段	覆膜与否	土壤储水量变化/mm	蒸腾蒸发量 ET/mm	有效降雨量 P_0/mm	降雨量 P/mm	降雨利用率/%
06-10	出苗-拔节期	覆膜	2.16	0.46	2.62	26.6	10
		浅埋	4.52	0.97	5.49		21
06-22	出苗-拔节期	覆膜	17.94	0.93	18.87	53.81	35
		浅埋	12.38	0.63	13.01		24
07-28	拔节-抽雄期	覆膜	3.60	1.2	4.80	23.6	20
		浅埋	3.70	1.46	5.16		21
08-31	灌浆-成熟期	覆膜	7	0.53	7.53	30.2	24
		浅埋	5.00	0.89	5.89		19

表 7-7　2016 年 40～60 cm 降雨利用率

日期（月-日）	生长阶段	覆膜与否	土壤储水量变化/mm	蒸腾蒸发量 ET/mm	有效降雨量 P_0/mm	降雨量 P/mm	降雨利用率/%
06-22	出苗-拔节期	覆膜	3.36	0.67	4.03	53.81	7
		浅埋	10.78	0.26	11.04		21

2017年0~20 cm土层出苗-拔节期(5月22日)降雨量21.6 mm,膜下滴灌有效降雨利用量4.19 mm,降雨利用率为19%,浅埋滴灌有效降雨利用量10.93 mm,降雨利用率为51%;20~40 cm土层膜下滴灌有效降雨利用量5.71 mm,降雨利用率为26%,浅埋滴灌有效降雨利用量6.45 mm,降雨利用率为30%。拔节-抽雄期(7月7日)膜下滴灌有效降雨利用量2.63 mm,降雨利用率为23%;浅埋滴灌有效降雨利用量7.35 mm,降雨利用率为63%。拔节-抽雄期(7月9日)膜下滴灌有效降雨利用量1.03 mm,降雨利用率为20%;浅埋滴灌有效降雨利用量3.39 mm,降雨利用率为65%。抽雄-灌浆期(8月4日)出现了122.82 mm的暴雨,膜下滴灌有效降雨利用量19.06 mm,降雨利用率为16%,浅埋滴灌有效降雨利用量25.08 mm,降雨利用率为20%;20~40 cm土层膜下滴灌有效降雨利用量21.09 mm,降雨利用率为17%,浅埋滴灌有效降雨利用量29.54 mm,降雨利用率为24%;40~60 cm土层膜下滴灌有效降雨利用量18.39 mm,降雨利用率为15%,浅埋滴灌有效降雨利用量22.17 mm,降雨利用率为18%;60~80 cm土层膜下滴灌有效降雨利用量18.82 mm,降雨利用率为15%,浅埋滴灌有效降雨利用量10.50 mm,降雨利用率为19%;80~100 cm土层膜下滴灌有效降雨利用量9.63 mm,降雨利用率为8%,浅埋滴灌有效降雨利用量10.50 mm,降雨利用率为9%。抽雄-灌浆期(8月9日)膜下滴灌有效降雨利用量5.41 mm,降雨利用率为14%,浅埋滴灌有效降雨利用量19.63 mm,降雨利用率为52%;20~40 cm土层膜下滴灌有效降雨利用量6.35 mm,降雨利用率为17%,浅埋滴灌有效降雨利用量12.84 mm,降雨利用率为34%。抽雄-灌浆期(8月15日)膜下滴灌有效降雨利用量3.15 mm,降雨利用率为21%;浅埋滴灌有效降雨利用量6.91 mm,降雨利用率为45%。抽雄-灌浆期(8月18日)膜下滴灌有效降雨量4.11 mm,降雨利用率为25%;浅埋滴灌有效降雨利用量9.92 mm,降雨利用率为60%。灌浆-成熟期(8月23日)膜下滴灌有效降雨利用量2.48 mm,降雨利用率为19%;浅埋滴灌有效降雨利用量5.35 mm,降雨利用率为42%。

表 7-8　2017 年 0~20 cm 降雨利用率

日期(月-日)	生长阶段	覆膜与否	土壤储水量变化/mm	蒸腾蒸发量 ET/mm	有效降雨量 P_0/mm	降雨量 P/mm	降雨利用率/%
05-22	出苗-拔节期	覆膜	3.27	0.92	4.19	21.6	19
		浅埋	9.60	1.33	10.93		51
07-07	拔节-抽雄期	覆膜	0.50	2.13	2.63	11.6	23
		浅埋	4.44	2.91	7.35		63
07-09	拔节-抽雄期	覆膜	-1.1	2.13	1.03	5.2	20
		浅埋	0.48	2.91	3.39		65
08-04	抽雄-灌浆期	覆膜	16.93	2.13	19.06	122.82	16
		浅埋	22.17	2.91	25.08		20
08-09	抽雄-灌浆期	覆膜	3.28	2.13	5.41	37.6	14
		浅埋	16.72	2.91	19.63		52
08-15	抽雄-灌浆期	覆膜	1.02	2.13	3.15	15.2	21
		浅埋	4.00	2.91	6.91		45
08-23	灌浆-成熟期	覆膜	1.24	1.24	2.48	12.8	19
		浅埋	3.94	1.41	5.35		42

表 7-9　2017 年 20~40 cm 降雨利用率

日期(月-日)	生长阶段	覆膜与否	土壤储水量变化/mm	蒸腾蒸发量 ET/mm	有效降雨量 P_0/mm	降雨量 P/mm	降雨利用率/%
05-22	出苗-拔节期	覆膜	5.18	0.53	5.71	21.6	26
		浅埋	5.61	0.84	6.45		30
08-04	抽雄-灌浆期	覆膜	19.92	1.17	21.09	122.82	17
		浅埋	28.00	1.54	29.54		24
08-09	抽雄-灌浆期	覆膜	5.18	1.17	6.35	37.6	17
		浅埋	11.30	1.54	12.84		34

表 7-10 2017 年 40~60 cm 降雨利用率

日期（月-日）	生长阶段	覆膜与否	土壤储水量变化/mm	蒸腾蒸发量 ET/mm	有效降雨量 P_0/mm	降雨量 P/mm	降雨利用率/%
08-04	抽雄-灌浆期	覆膜	17.51	0.88	18.39	122.82	15
		浅埋	21.21	0.96	22.17		18

表 7-11 2017 年 60~80 cm 降雨利用率

日期（月-日）	生长阶段	覆膜与否	土壤储水量变化/mm	蒸腾蒸发量 ET/mm	有效降雨量 P_0/mm	降雨量 P/mm	降雨利用率/%
08-04	抽雄-灌浆期	覆膜	18.59	0.23	18.82	122.82	15
		浅埋	10.22	0.28	10.50		19

表 7-12 2017 年 80~100 cm 降雨利用率

日期（月-日）	生长阶段	覆膜与否	土壤储水量变化/mm	蒸腾蒸发量 ET/mm	有效降雨量 P_0/mm	降雨量 P/mm	降雨利用率/%
08-04	抽雄-灌浆期	覆膜	9.37	0.26	9.63	122.82	8
		浅埋	10.22	0.28	10.50		9

2018 年 0~20 cm 土层播种-出苗期(5 月 20 日)降雨量 10.4 mm，膜下滴灌有效降雨利用量 5.91 mm，降雨利用率为 57%；浅埋滴灌有效降雨利用量 7.84 mm，降雨利用率为 75%。出苗-拔节期(6 月 8 日)膜下滴灌有效降雨利用量 15.06 mm，降雨利用率为 31%，浅埋滴灌有效降雨利用量 24.4 mm，降雨利用率为 51%；20~40 cm 土层膜下滴灌有效降雨利用量 13.14 mm，降雨利用率为 27%，浅埋滴灌有效降雨利用量 18.1 mm，降雨利用率为 38%。拔节-抽雄期(6 月 21 日)膜下滴灌有效降雨利用量 12.64 mm，降雨利用率为 29%，浅埋滴灌有效降雨利用量 21.02 mm，降雨利用率为 48%；20~40 cm 土层膜下滴灌有效降雨利用量 13.14 mm，降雨利用率为 27%，浅埋滴灌有效降雨利用量 8.52

mm,降雨利用率为20%。抽雄-灌浆期(7月31日)膜下滴灌有效降雨利用量3.18 mm,降雨利用率为40%;浅埋滴灌有效降雨利用量6.8 mm,降雨利用率为85%。灌浆-成熟期(9月3日)膜下滴灌有效降雨利用量11.1 mm,降雨利用率为46%,浅埋滴灌有效降雨利用量17.44 mm,降雨利用率为72%;膜下滴灌处理20 cm以下无影响;浅埋滴灌20~40 cm土层有效降雨量4.68 mm,降雨利用率为19%;各次降雨均未对40 cm以下土层产生影响。

表7-13　2018年0~20 cm降雨利用率

日期(月-日)	生长阶段	覆膜与否	土壤储水量变化/mm	蒸腾蒸发量ET/mm	有效降雨量P_0/mm	降雨量P/mm	降雨利用率/%
05-20	播种-出苗期	覆膜	3.66	2.25	5.91	10.4	57
		浅埋	5.64	2.2	7.84		75
06-08	出苗-拔节期	覆膜	13.06	2	15.06	48.2	31
		浅埋	22.3	2.1	24.4		51
06-21	拔节-抽雄期	覆膜	9.44	3.2	12.64	43.5	29
		浅埋	18.02	3	21.02		48
07-31	抽雄-灌浆期	覆膜	1.18	2	3.18	8	40
		浅埋	4	2.8	6.8		85
09-03	灌浆-成熟期	覆膜	11.1	0	11.1	24.2	46
		浅埋	17.44	0	17.44		72

表7-14　2018年20~40 cm降雨利用率

日期(月-日)	生长阶段	覆膜与否	土壤储水量变化/mm	蒸腾蒸发量ET/mm	有效降雨量P_0/mm	降雨量P/mm	降雨利用率/%
06-08	出苗-拔节期	覆膜	11.14	2	13.14	48.2	27
		浅埋	16	2.1	18.1		38

续表 7-14

日期(月-日)	生长阶段	覆膜与否	土壤储水量变化/mm	蒸腾蒸发量ET/mm	有效降雨量P_0/mm	降雨量P/mm	降雨利用率/%
06-21	拔节-抽雄期	覆膜	5.72	2.8	8.52	43.5	20
		浅埋	14.16	2.1	16.26		37
09-03	灌浆-成熟期	浅埋	4.68	0	4.68	24.2	19

综上所述,降雨量在 20 mm 以下时,降雨入渗深度为 20 cm;降雨量为 20~50 mm 时,降雨入渗深度为 40 cm;当降雨量达到 50 mm 以上时,入渗深度可达到 40 cm 以下土层。在平水偏枯年(2015 年、2018 年)降雨量较小,降雨入渗深度最深仅达到 40 cm,作物利用浅层土壤中的降雨;在平水偏丰年(2016 年、2017 年)降雨量较大,2016 年降雨入渗深度可达到 60 cm,2017 年达到 100 cm 土层,作物可以利用深层土壤中的降雨。相同生长阶段,降雨量越大,降雨利用率越高;当降雨量较小时,入渗深度浅,水分在土壤表层蒸发损失大,降雨利用率低。不同生长阶段降雨利用有所不同,播种-出苗期浅埋滴灌降雨利用率 80%、膜下滴灌降雨利用率 60%;出苗-拔节期浅埋滴灌降雨利用率 87%、膜下滴灌降雨利用率 57%;拔节-抽雄期浅埋滴灌降雨利用率 66%、膜下滴灌降雨利用率 37%;抽雄-灌浆期浅埋滴灌降雨利用率 65%、膜下滴灌降雨利用率 48%;灌浆-成熟期浅埋滴灌降雨利用率 67%、膜下滴灌降雨利用率 42%。生育前期作物未发育完全,降雨直接作用于土壤,降雨利用率较高,特别是浅埋滴灌无薄膜截流作用,比膜下滴灌高 20%左右。到抽雄期叶片发育完全,此时叶片会对降雨造成一定的拦截,植株上的水分会随蒸发损耗,降雨利用率降低。灌浆-成熟期叶片开始发黄脱落,降雨利用率又有所升高。

7.4　结论与讨论

有相关学者对滴灌条件下土壤水分运移进行了研究,陈帅等通过对不同土质滴灌模拟研究得出土壤水分径向运移与土壤黏粒含量相关。Liu 等引入覆膜系数模拟了膜下滴灌水分运移,模拟精度较高。有国外学者研究发现滴灌条件下农田土壤水分分布规律显示,距离根区越近,土壤含水率越高。本研究表明膜下滴灌与浅埋滴灌土壤含水率差异主要表现在 0~40 cm 土层,40 cm 以下土壤含水率无显著性差异。祁毓婷等研究发现宽窄行玉米膜下滴灌土壤湿润范围为 0~45 cm 土层,较本研究深 5 cm,可能与土壤质地的差异有关。研究区 40~60 cm 土层为黏土层,水分运移缓慢,导致湿润区域变浅。本研究还发现在平水偏枯年,膜下滴灌较浅埋滴灌土壤含水率高 13%~32%。平水偏丰年膜下滴灌较浅埋滴灌土壤含水率低 10%~16%。主要由于平水偏枯年降雨较少,覆膜保墒作用更加显著,覆膜可以有效降低土壤蒸发,保证覆膜区域含水率较高。平水偏丰年降雨较多,土壤含水率一直维持在较高水平,覆膜保墒优势被削弱。膜下滴灌由于薄膜截流作用会阻碍降雨进入根区土壤,使无膜区域土壤含水率较大,增大棵间土壤蒸发,土壤含水率降低。本研究表明,基于 Hydrus-2D 模型膜下滴灌与浅埋滴灌土壤水分分布模拟满足精度要求。膜下滴灌的降雨湿润饱和区面积为 374~1 440 cm^2,浅埋滴灌的降雨湿润饱和区面积为 1 260~1 440 cm^2。李仙岳等研究发现膜下滴灌灌水时的饱和区面积为 109. 78~559. 14 cm^2,滴灌灌水量较小,故其降雨湿润饱和区面积较小。多数学者利用多年气象数据对大区域降雨利用进行研究。徐小波等研究发现新疆灌区 1~5 mm 降雨利用率为 43%,5~40 mm 降雨利用率为 73%。但是其未考虑作物影响。张永胜等研究发现膜下滴灌马铃薯生育期内总降雨量 249. 6 mm,降雨利用率为 33. 48%,较畦灌低 32. 97%。本研究发现浅埋滴灌降雨利用率为 67%~78%,较膜下滴灌高 29%~35%,膜下滴灌覆膜对降雨的截流量为 26%~35%。本研究还得出不同生长阶段膜下滴灌与浅埋滴灌降雨利用率,可以为探究玉米滴灌节水增产机理提供理论依据。

7.5 小　结

(1)平水偏枯年(2015 年、2018 年)降雨量较少,膜下滴灌较浅埋滴灌0~40 cm土层土壤含水率高14%~32%，膜下滴灌的薄膜覆盖阻断了大气和土壤的接触，使得土壤水分的蒸发损失大大降低，对浅层土壤的保墒作用更为显著。平水偏丰年（2016年、2017年）降雨较多，膜下滴灌较浅埋滴灌低10%~16%，降雨量较大特别是在生育后期，降雨直接进入土壤，使浅埋滴灌土壤含水率较高，膜下滴灌由于薄膜的截流，土壤含水率低于浅埋滴灌，薄膜的保墒作用不显著；随着灌水增加，土壤含水率增大，中水处理比高水处理土壤含水率低9%，中水处理较低水处理土壤含水率高8%，高水处理与低水处理差异性显著（$p<0.05$）。

（2）基于Hydrus-2D模型膜下滴灌与浅埋滴灌土壤水分分布模拟满足精度要求。10 mm级降雨的降雨湿润区为0~20 cm土层，20~50 mm级降雨的降雨湿润区为0~40 cm土层，50 mm级以上降雨的降雨湿润区为0~80 cm土层。膜下滴灌降雨湿润区在水平方向为膜外区域（距滴灌带35~60 cm位置）。当降雨量为20~40 mm时，膜下滴灌会出现边界效应，即膜边位置（距滴灌带30 cm处）降雨入渗量高于膜外侧2%~6%；当降雨量低于20 mm或高于40 mm时，覆膜边界效应不存在。当降雨量高于30 mm时，会在0~35 cm土层内形成降雨湿润饱和区，膜下滴灌的降雨湿润饱和区面积为374~1 440 cm^2，浅埋滴灌的降雨湿润饱和区面积为1 260~1 440 cm^2。膜下滴灌覆膜对降雨的截流量为26%~35%。

（3）降雨量在20 mm以下时，入渗深度为20 cm；降雨量为20~50 mm时，降雨入渗深度为40 cm；当降雨量达到50 mm以上时，入渗深度可达到40 cm以下土层。在平水偏枯年（2015年、2018年）降雨量较小，降雨入渗深度最深仅达到40 cm，作物利用浅层土壤中的降雨，在平水偏丰年（2016年、2017年）降雨量较大，2016年降雨入渗深度可达到60 cm土层，2017年达到100 cm土层，作物可以利用深层土壤中的降雨。浅埋滴灌降雨利用率为67%~78%，较膜下滴灌高29%~35%。

第 8 章　玉米滴灌灌溉制度与灌溉决策研究

通过对研究区 1983~2018 年玉米生育期(4 月下旬至 9 月中旬)降雨资料使用水文频率分布曲线适线软件进行降雨频率分析,将试验年份进行水文年型划分,研究分析不同处理水分生产率,结合前文玉米需水规律、产量构成因子、生长指标研究提出不同水文年高效节水灌溉制度,确定灌溉决策,为西辽河平原农业水资源高效利用提供理论依据,指导当地农民灌溉。

8.1　滴灌条件下不同处理玉米水分利用效率研究

图 8-1 所示为 2015~2018 年不同处理水分利用效率。由图 8-1 可知,平水偏枯年(2015 年、2018 年)膜下滴灌处理水分利用效率显著高于浅埋滴灌处理的 18%~28%,平水偏丰年(2016 年、2017 年)膜下滴灌与浅埋滴灌各处理差异性较小。这是由于平水偏枯年降雨量较小,覆膜保墒效果更加明显,可以有效降低膜下滴灌玉米生育期耗水,而浅埋滴灌玉米产量较低,单位水量消耗的产出膜下滴灌高于浅埋滴灌;平水偏丰年降雨量大,浅埋滴灌降雨利用率大,产量较高,单位水量消耗的产出浅埋滴灌与膜下滴灌不相上下。

不同灌水处理之间水分利用效率,2015 年膜下滴灌中水处理高于低水处理 8%,与高水处理差异性不显著;浅埋滴灌中水处理高于低水处理 2%,中水处理与高水处理无显著性差异。2016 年膜下滴灌中水处理水分利用效率比高水处理高 10%,与低水处理无显著性差异;浅埋滴灌中水处理水分利用效率为 3.17 kg/m^3,显著高于高水处理、低水处理。2017 年膜下滴灌中水处理高于高水处理 6%,与低水处理无显著性差异；浅埋滴灌中水处理水分利用效率最高，为 2.77 kg/m³。2018 年膜下滴灌中水处理比高水处理和低水处理高 3%；浅埋滴灌中水处理高于高水处理 9%，与低水处理差异性不显著。综上所述，结合前文中的玉米耗水和产量研究，从农业可持续发展角度考虑，各年份中膜下滴灌与浅埋滴灌中水处理生育期耗水较低，产量较高，水分利用效率处于较高水平。基于产量和水分利用效率最优为目标，中水处理为最佳灌水处理，可以用来指导当地灌溉。

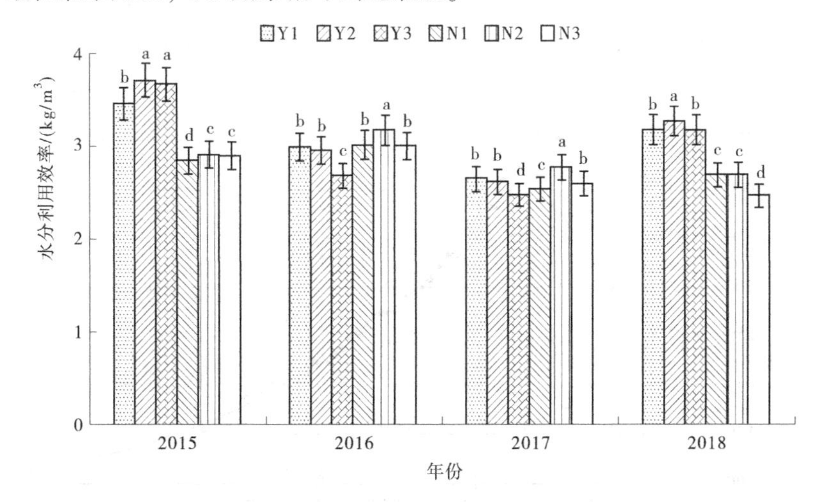

注：图中各年份不同字母代表在 0.05 水平差异性显著。

图 8-1　2015~2018 年不同处理水分利用效率

8.2　滴灌条件下不同处理玉米不同年份降雨频率分析

通过对研究区 1983~2018 年生育期(4 月下旬至 9 月中旬)降雨频率分析(见图 8-2)，拟合率为 98.87%，可以得到不同保证率下的降水量以及代表年份。相应的代表年为枯水年(75%)降水量小于 211.89 mm，丰水年(25%)降水量大于 333.69 mm，平水年(50%)降水量为 268.32 mm。选择 1991 年、2011 年、2001 年分别为丰水年、平水年、枯水年代表年份,其降水量分别为 361. 9 mm、273 mm、221. 5 mm。

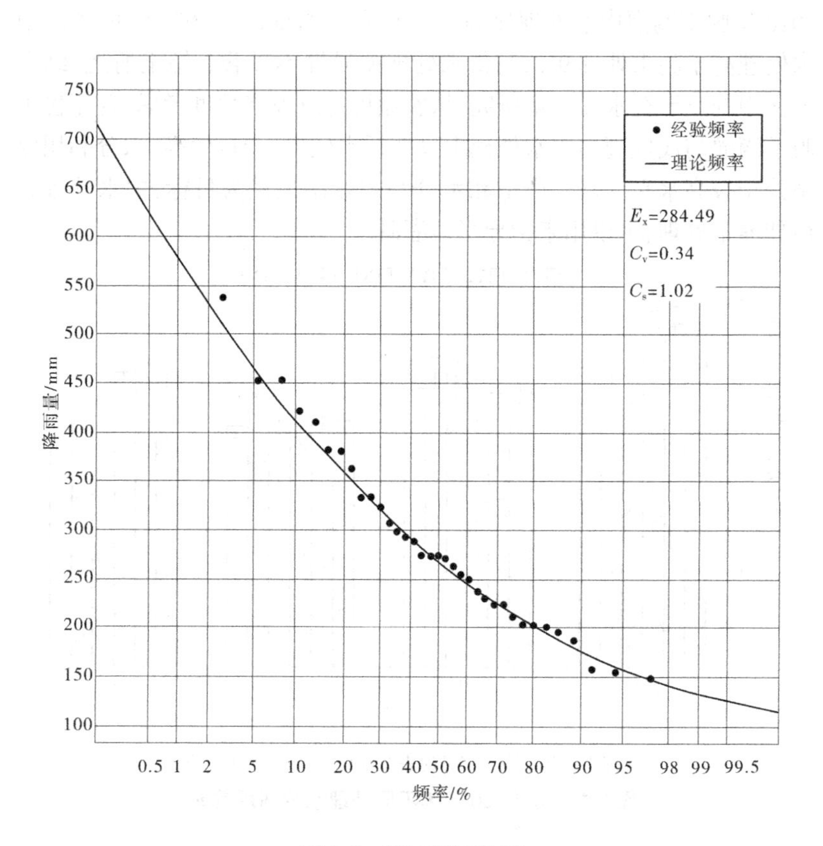

图 8-2　降雨频率分析

2015 年生育期内降雨量 261. 21 mm,降雨频率为 53. 13%,属于平水偏枯年;2016 年生育期内降雨量 272. 03 mm,降雨频率为 48. 4%,属于平水偏丰年;2017 年生育期内降雨量 290. 42 mm,降雨频率为 40. 86%,属于平水偏丰年;2018 年生育期内降雨量 225. 6 mm,降雨频率为 69. 53%,属于平水偏枯年。

8.3　不同水文年滴灌玉米灌溉制度研究

8.3.1　利用 Penman-Monteith 方法计算作物 ET_0

本书通过 2015~2018 年气象数据，使用 FAO-56 推荐的 Penman-Monteith 公式，以旬为计算单位，计算试验年份生育期(4 月下旬至 9 月中旬)的参考作物蒸腾蒸发量：

$$ET_0 = \frac{0.408\Delta(R_n - G) + \gamma \frac{900}{T + 273}u_2(e_s - e_\alpha)}{\Delta + \gamma(1 + 0.34u_2)} \tag{8-1}$$

式中：ET_0 为参考作物蒸腾蒸发量，mm/d；R_n 为作物冠层表面的净辐射，MJ/(m^2 · d)；G 为土壤热通量，MJ/(m^2 · d)；T 为 2 m 高度处的日平均气温，℃；u_2 为 2 m 高度处的日平均风速，m/s；e_s 为饱和水汽压，kPa；e_α 为实际水汽压，kPa；e_s-e_α 为饱和水汽压差，kPa；Δ 为水汽压曲线斜率，kPa/℃；γ 为湿度计常数，kPa/℃。

如图 8-3 所示，ET_0 总体变化趋势为先升高后降低，随着气温、风速的变化有所波动，在 5 月下旬至 6 月上旬达到最大(52.08~74.69 mm)。因为该地区在这个阶段，风沙较大，空气干燥，昼夜温差大。2015 年 4 月下旬气温出现了 40 ℃以上的极端天气，辐射较大，空气湿度低，ET_0 较大，为 56.73 mm。

8.3.2　2015~2018 年平均 K_c 值

试验年份(2015~2018 年)平均 K_c 值见表 8-1。膜下滴灌与浅埋滴灌 K_c 变化一致，先升高后降低。播种-出苗期作物系数为 0.33~0.35、出苗-拔节期作物系数为 0.43~0.48、拔节-抽雄期作物系数为 1.02~1.04、抽雄-灌浆期作物系数最大为 1.08~1.26、灌浆-成熟期作物系数为 0.78~1.00。浅埋滴灌生育期 K_c 略高于膜下滴灌 2%~17%，在 K_c 较小的前期和后期相差较小，生育中期 K_c 较大，二者相差较大。

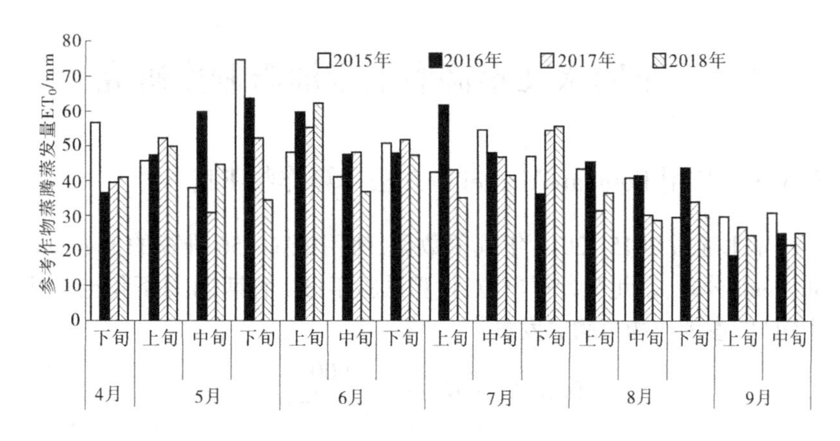

图 8-3　2015~2018 年参考作物蒸腾蒸发量

表 8-1　2015~2018 年 K_c 平均值

处理		生育期					
		播种-出苗期	出苗-拔节期	拔节-抽雄期	抽雄-灌浆期	灌浆-成熟期	全生育期
膜下滴灌	ET_c/mm	35.0	81.1	106.1	124.1	67.8	414.0
	ET_0/mm	104.8	190.0	103.8	115.1	87.1	600.9
	K_c	0.33	0.43	1.02	1.08	0.78	
浅埋滴灌	ET_c/mm	38.4	101.7	104.4	138.4	86.9	469.8
	ET_0/mm	108.6	210.6	100.3	109.6	87.1	616.3
	K_c	0.35	0.48	1.04	1.26	1.00	

8.3.3　代表年份 ET_0

根据上述中降雨频率分析选定的代表年：丰水年(1991 年)、平水年(2011 年)、枯水年(2001 年)收集气象资料,计算各代表年份的生育期(4 月下旬至 9 月中旬)旬 ET_0,见图 8-4。丰水年生育期 ET_0 为 618.61 mm,平水年生育期 ET_0 为 633.13 mm,枯水年生育期 ET_0 为 735.91 mm。

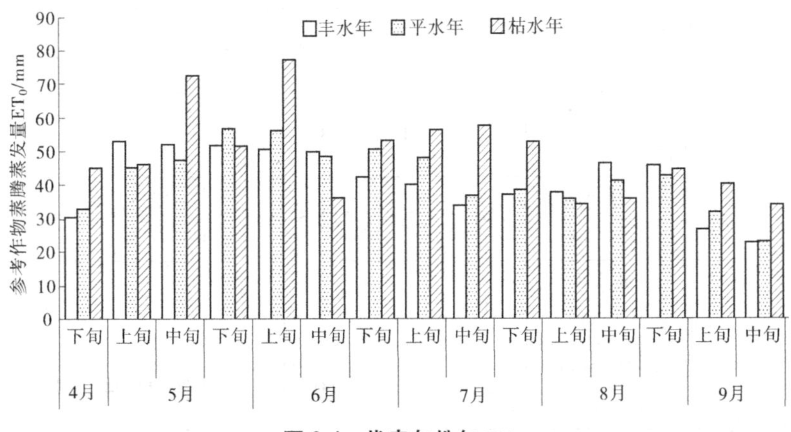

图 8-4　代表年份旬 ET_0

8.3.4　玉米滴灌推荐灌溉制度

基于产量和水分利用效率最优为目标,通过上述的研究区试验年份(2015~2018 年)作物系数 K_c,以及研究区典型代表年份参考作物蒸腾蒸发量 ET_0,计算枯水年、平水年、丰水年作物耗水量,结合各代表年降雨资料,得到不同代表年推荐灌溉制度,见表 8-2。

玉米滴灌推荐灌溉制度:枯水年膜下滴灌灌水 8 次,灌溉定额 270 mm;浅埋滴灌灌水 9 次,灌溉定额 315 mm。平水年膜下滴灌灌水 7 次,灌溉定额 183 mm;浅埋滴灌灌水 7 次,灌溉定额 222 mm。丰水年膜下滴灌灌水 4 次,灌溉定额 105 mm;浅埋滴灌灌水 5 次,灌溉定额 135 mm。结合产量和水分生产效率等因素,从高效节水灌溉的角度出发,在该地区年降雨量小于 268.32 mm 的地方使用膜下滴灌更佳,年降雨量大于 268.32 mm 的地方使用浅埋滴灌更佳。

表 8-2 玉米滴灌推荐灌溉制度

年型	项目	灌溉制度	出苗前期	苗期	拔节期	抽雄期	灌浆期	全生育期
枯水年	膜下滴灌	灌水次数/次	1	1	3	1	2	8
		灌水量/mm	30	30	112.5	37.5	60	270
	浅埋滴灌	灌水次数/次	1	1	3	1	3	9
		灌水量/mm	30	37.5	112.5	37.5	37.5,30,30	315
平水年	膜下滴灌	灌水次数/次	1	1	2	0	3	7
		灌水量/mm	15	30	60		30,24,24	183
	浅埋滴灌	灌水次数/次	1	1	2	0	3	7
		灌水量/mm	15	37.5	30,37.5		37.5,37.5,27	222
丰水年	膜下滴灌	灌水次数/次	1	2	0	0	1	4
		灌水量/mm	15	60			30	105
	浅埋滴灌	灌水次数/次	1	2	0	0	2	5
		灌水量/mm	15	60			60	135

8.4　玉米滴灌灌溉决策

本书通过对研究区降雨频率分析确定了降雨频率为 50%的平水年降雨量为 268.32 mm。2015 年属于平水偏枯年,2016 年属于平水偏丰年,2017 年属于平水偏丰年,2018 年属于平水偏枯年。结合覆膜对玉米生长指标的影响、覆膜对需水规律及产量构成因子的影响机理、覆膜对玉米蒸腾蒸发的影响机理和覆膜对土壤水分及降雨利用率影响综合分析研究,确定玉米滴灌灌溉决策。

通过根钻取根发现浅埋滴灌 70 cm 以下土层仍有根系分布,膜下滴灌 60 cm 以下土层已无根系,浅埋滴灌比膜下滴灌扎根深 10 cm,浅埋滴灌根系可利用更深层土壤水分。平水偏枯年降雨量小,降雨仅能渗入 40 cm 土层,膜下滴灌玉米根系均匀分布于浅层土体中,可以更好地吸收浅层土壤水分供给作物生长发育,而浅埋滴灌玉米根系分布较窄且生长至土壤深层,在降雨较少的平水偏枯年无法利用深层降雨,影响作物生长发育,进而影响产量。膜下滴灌薄膜保墒作用在浅层土壤更加明显,膜下滴灌较浅埋滴灌 0~40 cm 土层土壤含水率高 14%~32%,可以使根区土壤水分保持在较高的水平,薄膜可以阻断土壤与大气的接触,有效降低浅层土壤棵间蒸发量,膜下滴灌较浅埋滴灌节水 31%。减少膜下滴灌生育期耗水量,膜下滴灌生育期总耗水量较浅埋滴灌低 9%。提高水分利用效率,膜下滴灌水分利用效率显著高于浅埋滴灌 18%~28%。总的来说,在降雨较少的平水偏枯年,膜下滴灌覆膜的保墒效果更加显著。

平水偏丰年降雨量大,浅埋滴灌无薄膜截流作用,土壤含水率较高,浅埋滴灌高于膜下滴灌 10%~16%。降雨可渗入深层土壤,降雨可入渗至 60~100 cm 土层。浅埋滴灌的根系可吸收深层土壤降雨供给作物生长发育,提高降雨利用率,浅埋滴灌降雨利用率比膜下滴灌高 25%左右。特别是后期降雨较多,浅埋滴灌处理无薄膜截流作用,降雨利用率高,土壤水分可以充分满足玉米对水分的需求。灌浆阶段为玉米籽粒积累的关键阶段,此时作物耗水以植株蒸腾为主,平水偏丰年该阶段降雨较多,浅埋滴灌玉米蒸腾量达到 204 mm,比膜下滴灌高 13%,为浅埋滴灌高产奠定了基础,在平水偏丰年浅埋滴灌的产量高于膜下滴灌 6%~19%。浅埋滴灌玉米单位耗水产出相对较高,水分利用效率较大,浅埋滴灌中水处理水分利用效率为 2.77~3.17 kg/m^3,显著高于其他处理。总的来说,在降雨较多的平水偏丰年,膜下滴灌覆膜的保墒效果并不明显,反而薄膜截流作用对作物负面影响更加凸显,浅埋滴灌对降雨的利用优势更加显著。

因此,以降雨频率为 50%、降雨量为 268.32 mm 的平水年为分界线,对不同研究区,通过多年平均降雨量和当年降雨预报推算生育期降雨量;对于降雨量小于 268.32 mm 的地区,推荐使用膜下滴灌更佳;对于降雨量大于 268.32 mm 的地区,推荐使用浅埋滴灌更佳。

8.5 结论与讨论

有关学者对覆膜对玉米水分利用效率的影响研究结果不同。姬景红等研究发现膜下滴灌较地表滴灌水分利用效率可提高 2.7 倍。张彦群等通过对玉米节水增产机理研究发现,膜下滴灌可以降低棵间蒸发量,提高作物蒸腾拉力,将水分消耗更多分配到偏向提高作物产量、提高籽粒产量方面,增加水分利用效率 12.0%~13.1%。但是,有研究表明地膜在生育前期提高温度有利于壮苗,在生育后期会抑制根系生长发育,降低蒸腾蒸发量和水分利用效率。对水分利用效率研究结果不一,主要是由于产量的提高需要消耗更多的水分,而降低水分消耗则会抑制产量的提高。不同地区的土壤水热状况不同,研究结果出现差异。本研究表明,在平水偏枯年膜下滴灌玉米水分利用效率显著高于浅埋滴灌,平水偏丰年无显著性差异。主要是因为平水偏丰年灌浆阶段降雨较多,浅埋滴灌无薄膜截流作用,籽粒灌浆速率高,籽粒产量高使得浅埋滴灌降雨利用效率较高,与膜下滴灌水分利用效率相近。

本研究还通过降雨频率分布曲线适线软件进行降雨频率分析,提出不同水文年膜下滴灌与浅埋滴灌灌溉制度,得出浅埋滴灌与膜下滴灌适用条件对不同研究区通过多年平均降雨量和当年降雨预报推算生育期降雨量：对于降雨量小于268.32 mm的地区，推荐使用膜下滴灌更佳；对于降雨量大于268.32 mm的地区，推荐使用浅埋滴灌更佳。本研究为西辽河平原区和相似地区玉米滴灌灌溉制度研究提供理论依据。

8.6　小　结

（1）2015年、2018年降雨量较小，覆膜保墒效果更加明显，可以有效降低膜下滴灌玉米生育期耗水。膜下滴灌水分生产率显著高于浅埋滴灌18%~28%，2016年、2017年膜下滴灌与浅埋滴灌各处理无显著性差异；2015年覆膜中水处理高于低水处理8%，与高水处理差异性不显著。浅埋滴灌中水处理高于低水处理2%，高水处理与中水处理无显著性差异。2016年膜下滴灌中水处理水分利用效率比高水处理高10%，与低水处理无显著性差异。浅埋滴灌中水处理水分利用效率为3.17 kg/m^3，显著高于中水处理、低水处理。2017年膜下滴灌中水处理高于高水处理6%，与低水处理无显著性差异；浅埋滴灌中水处理水分利用效率最高，为2.77 kg/m^3。2018年膜下滴灌中水处理比高水处理和低水处理高3%。浅埋滴灌中水处理高于高水处理9%，与低水处理差异性不显著；从农业可持续发展角度考虑，各年份中膜下滴灌与浅埋滴灌中水处理生育期耗水较低，产量较高，水分利用效率处于较高水平。中水处理为最佳灌水处理，可以用来指导当地灌溉。

（2）通过对研究区1983~2018年生育期（4月下旬至9月中旬）降雨频率分析，枯水年（75%）降水量小于211.89 mm，丰水年（25%）降水量大于333.69 mm，平水年（50%）降水量为268.32 mm。选择1991年、2011年、2001年分别为丰水年、平水年、枯水年代表年份，其降水量分别为361.9 mm、273 mm、221.5 mm。2015年生育期内降雨量261.21 mm，降雨频率为53.13%，属于平水偏枯年；2016年生育期内降雨量272.03 mm，降雨频率为48.4%，属于平水偏丰年；2017年生育期内降雨量290.42 mm，降雨频率为40.86%，属于平水偏丰年；2018年生育期内降雨量225.6 mm，降雨频率为69.53%，属于平水偏枯年。

（3）2015~2018年平均K_c值膜下滴灌与浅埋滴灌K_c变化一致，

先升高后降低。播种-出苗期作物系数为 0. 33~0. 35、出苗-拔节期作物系数为 0. 43~0. 48、拔节-抽雄期作物系数为 1. 02~1. 04、抽雄-灌浆期作物系数量大为 1. 08~1. 26、灌浆-成熟期作物系数为 0. 78~1. 00。浅埋滴灌生育期 K_c 略高于膜下滴灌 2%~17%,在 K_c 较小的前期和后期相差较小,生育中期 K_c 较大,二者相差较大。

(4)通过研究区试验年份(2015~2018 年)作物系数 K_c,以及研究区典型代表年份参考作物蒸腾蒸发量 ET_0,计算枯水年、平水年、丰水年作物耗水量,结合各代表年降雨资料,得到不同代表年推荐灌溉制度:枯水年浅埋滴灌、膜下滴灌灌水 9 次、8 次,灌溉定额分别为 315 mm、270 mm;平水年浅埋滴灌、膜下滴灌灌水均为 7 次,灌溉定额分别为 222 mm、183 mm;丰水年浅埋滴灌、膜下滴灌分别灌水 5 次、4 次,灌溉定额分别为 135 mm、105 mm。

(5)平水偏枯年降雨量小,降雨仅能渗入 40 cm 土层,膜下滴灌处理玉米根系均匀分布于浅层土体中可以更好地吸收浅层土壤水分供给作物生长发育,膜下滴灌薄膜保墒作用在浅层土壤更加明显,可以使根区土壤水分保持在较高的水平,薄膜可以阻断土壤与大气的接触,有效降低浅层土壤棵间蒸发量,减少膜下滴灌生育期耗水量,提高水分利用效率;平水偏丰年降雨量大,浅埋滴灌无薄膜截流作用,土壤含水率较高,降雨可渗入深层土壤,浅埋滴灌的根系可吸收深层土壤降雨供给作物生长发育,提高降雨利用率,灌浆阶段为玉米籽粒积累的关键阶段,此时作物耗水以作物蒸腾为主,浅埋滴灌玉米蒸腾量达到 204 mm,比膜下滴灌高 13%,为浅埋滴灌高产奠定了基础,浅埋滴灌玉米单位耗水产出相对较高,水分利用效率较大。

在降雨较少的平水偏枯年,膜下滴灌覆膜的保墒效果更加显著。在降雨较多的平水偏丰年,膜下滴灌覆膜的保墒效果并不明显,反而薄膜截流作用对作物负面影响更加凸显,浅埋滴灌对降雨的利用优势更加显著。因此,确定玉米滴灌灌溉决策,以降雨频率为 50%、降雨量为 268. 32 mm 的平水年为分界线,对不同研究区,通过多年平均降雨量和当年降雨预报推算生育期降雨量:对于降雨量小于 268. 32 mm 的地区,推荐使用膜下滴灌更佳;对于降雨量大于 268. 32 mm 的地区,推荐使用浅埋滴灌更佳。

第9章 结论与展望

9.1 结 论

9.1.1 膜下滴灌和浅埋滴灌对玉米生长指标的影响

膜下滴灌与浅埋滴灌株高中水处理比高水处理低1%~8%,中水处理较低水处理高2%~8%,中水处理与其他2种处理差异性不显著($p>0.05$)。不同灌水处理株高生育期变化基本一致,呈现拔节期前缓慢增加,拔节-灌浆期急剧增长,灌浆期以后变化平缓,达到最大值的"S"形曲线。研究表明,膜下滴灌由于薄膜的增温保墒作用益于出苗,较无膜处理早出苗3~5 d,到抽雄期降雨较多,浅埋滴灌玉米生长发育较好,二者生育期同步,株高差异不大。平水偏丰年,降雨量较多,浅埋滴灌玉米降雨利用率高,玉米生长旺盛,株高高于膜下滴灌玉米。

膜下滴灌与浅埋滴灌叶面积指数整体上中水处理较高水处理小17%~25%,中水处理较低水处理大17%~37%,叶面积指数与灌水量呈正相关。生育期各灌水处理变化规律与株高相同,表现为先增大后减小的"S"形变化曲线。灌浆期达到最大,膜下滴灌最大可达到4.002~6.801,浅埋滴灌最大为4.026~5.696。膜下滴灌较浅埋滴灌高13%~20%($p<0.05$)。平水偏丰年,降雨较多,浅埋滴灌处理深层根系可以吸收深层土壤入渗的降雨,叶面积指数高于膜下滴灌处理。

膜下滴灌表层25 cm土体内根量占全部根量的75.88%,浅埋滴灌表层25 cm土体内根量占全部根量的72.28%。膜下滴灌根系表现为25 cm土层分布密集,沿垂向急剧降低,水平方向从滴灌带到距滴灌带40 cm处根系分布均匀。浅埋滴灌根系分布表现为扎根较深,比膜下滴灌根系深10 cm,但是横向分布较窄,水平方向从距滴灌带10 cm处到距滴灌带 30 cm 处分布较密集；根系在土壤中窄且深的分布使得浅埋滴灌处理玉米在地下部分有更好的稳定性，降低植株倒伏的风险。相比膜下滴灌，浅埋滴灌可以利用深层土壤水分，在抽雄期以后降雨较多入渗到深层土壤时可以吸收深层土壤的降雨供给作物生长，提高降雨利用率。

9.1.2 膜下滴灌和浅埋滴灌对玉米耗水规律及产量构成因子的影响机理

生育期总耗水量膜下滴灌较浅埋滴灌低 9%。出苗-拔节期和抽雄-灌浆期膜下滴灌与浅埋滴灌相差最大，分别为 16%~23%和 8%~10%，覆膜在玉米生长发育旺盛的出苗-拔节期和作物籽粒干物质积累的抽雄-灌浆期可以有效降低作物耗水量，具有明显的节水效果。膜下滴灌与浅埋滴灌相比，中水处理高于低水处理 7%~9%，中水处理低于高水处理 5%~6.5%，耗水量与灌溉定额呈正相关。平水偏枯年降雨量较少，各生长阶段耗水量膜下滴灌低于浅埋滴灌 9%，在降雨较多的平水偏丰年，拔节-抽雄期膜下滴灌耗水量高于浅埋滴灌，耗水强度却低于浅埋滴灌 9%~15%，说明在拔节-抽雄期浅埋滴灌玉米生长速率大于膜下滴灌玉米，在该阶段浅埋滴灌经历的天数比膜下滴灌少 3~5 d。

膜下滴灌生育期平均地温较浅埋滴灌高 1~2 ℃。春季播种时气温较低，膜下滴灌增温效果显著，高于浅埋滴灌 2~4 ℃。膜下滴灌玉米相较于浅埋滴灌早出苗 3~5 d，推荐膜下滴灌播种时间为 4 月 25 日左右，浅埋滴灌播种时间为 5 月 1 日左右。2017 年灌浆阶段膜下滴灌处理地温较高，根系活动能力降低，影响根系吸水和籽粒干物质的积累，影响产量。

平水偏枯年(2015 年、2018 年)抽雄期以后降雨量较小，土壤水分不充足，薄膜的保墒效果作用明显，薄膜可以降低土壤水分蒸发，益于玉米籽粒的积累，膜下滴灌产量高于浅埋滴灌 7%~15%。平水偏丰年(2016 年、2017 年)后期降雨较多，浅埋滴灌无薄膜截流作用，降雨利用率高，土壤水分可以充分满足玉米对水分的需求，膜下滴灌由于薄膜覆盖一部分水分被拦截,导致根区水分低于浅埋滴灌,不能充分供给玉米籽粒的吸收,膜下滴灌的产量低于浅埋滴灌6%~19%。

9.1.3　膜下滴灌和浅埋滴灌对玉米蒸腾蒸发规律的影响机理

平水偏丰年(2017年)灌浆阶段降雨较多,浅埋滴灌玉米蒸腾量达到204 mm,比膜下滴灌高13%。平水偏枯年(2018年)浅埋滴灌、膜下滴灌蒸腾量分别为88.9 mm和97.65 mm,差异不大,由此可知灌浆期降雨量大,浅埋滴灌降雨利用率高,作物水分供给充足是浅埋滴灌玉米产量高的主要原因。浅埋滴灌生育期平均棵间蒸发量占总耗水量的比例:播种-出苗期平均为75%、苗期-拔节期平均为71%、拔节-抽雄期平均为19%、抽雄-灌浆期平均为14%、灌浆-成熟期平均为20%。膜下滴灌生育期平均棵间蒸发量占总耗水量的比例:播种-出苗期平均为47%、苗期-拔节期平均为36%、拔节-抽雄期平均为10%、抽雄-灌浆期平均为9%、灌浆-成熟期平均为10%。研究表明,地膜覆盖可以隔绝土壤表面与大气接触,减少棵间土壤蒸发量,达到节水的效果,在作物覆盖度低、蒸发量大的生育前期尤为明显。

研究表明SIMDualKc模型可以模拟通辽地区玉米棵间蒸发量,且模拟精度较高;浅埋滴灌生育期平均土壤棵间蒸发量为141.38 mm,膜下滴灌生育期平均土壤棵间蒸发量为98.10 mm。膜下滴灌棵间蒸发量较浅埋滴灌棵间蒸发量低31%,作物蒸腾量较浅埋滴灌高21%,蒸腾蒸发量较浅埋滴灌低11%;浅埋滴灌蒸发量高水处理比中水处理高13%,低水处理低于中水处理5%,膜下滴灌不同灌水处理间棵间蒸发差异性不显著。膜下滴灌覆膜区(Ⅰ区)由于薄膜覆盖,棵间蒸发量仅为0.67 mm,占膜下滴灌总棵间蒸发量的2%。膜下滴灌裸土区域(Ⅱ区)蒸发量为36.18 mm,占膜下滴灌总棵间蒸发量的98%。浅埋滴灌垄间区域(Ⅱ区)棵间蒸发量低于行间区域(Ⅰ区)62%。覆膜保墒作用使更多水分保存于膜下土壤,当裸土区域(Ⅱ区)土壤含水率较低时,土壤水分则由覆膜区向无膜区运移,运移量约为11%。研究表明,在裸土区域(Ⅱ区)膜下滴灌并无节水效果,棵间蒸发量高于浅埋滴灌11%,节水主要发生在覆膜区(Ⅰ区)。

9.1.4　膜下滴灌和浅埋滴灌对土壤水分及降雨利用率的影响

平水偏枯年(2015 年、2018 年)降雨量较少,膜下滴灌的薄膜覆盖阻断了大气和土壤的接触,使得土壤水分的蒸发损失大大降低,对浅层土壤的保墒作用更为显著。平水偏丰年(2016 年、2017 年)降雨较多,降雨量较大特别是在生育后期,降雨直接进入土壤使浅埋滴灌土壤含水率较高,膜下滴灌由于薄膜的截流,土壤含水率低于浅埋滴灌,薄膜的保墒作用不显著;随着灌水增加,土壤含水率增大,中水处理比高水处理土壤含水率低 9%,中水处理较低水处理高 8%,高水处理与低水处理差异性显著($p<0.05$)。

基于 Hydrus-2D 模型膜下滴灌与浅埋滴灌土壤水分分布模拟满足精度要求。10 mm 级降雨的降雨湿润区为 0~20 cm 土层,20~50 mm 级降雨的降雨湿润区为 0~40 cm 土层,50 mm 级以上降雨的降雨湿润区为 0~80 cm 土层。当降雨量为 20~40 mm 时,膜边位置(距滴灌带 30 cm 处)降雨入渗量高于膜外侧 2%~6%。降雨量高于 30 mm 时会在 0~35 cm 土层内形成降雨湿润饱和区,膜下滴灌的降雨湿润饱和区面积为 374~1 440 cm^2,浅埋滴灌的降雨湿润饱和区面积为 1 260~1 440 cm^2。膜下滴灌覆膜对降雨的截流量为 26%~35%。

当降雨量在 20 mm 以下时,入渗深度为 20 cm;当降雨量为 20~50 mm 时,降雨入渗深度为 40 cm;当降雨量达到 50 mm 以上时,入渗深度可达到 40 cm 以下土层。在平水偏枯年(2015 年、2018 年)降雨量较小,降雨入渗深度最深仅达到 40 cm,作物利用浅层土壤中的降雨。在平水偏丰年(2016 年、2017 年)降雨量较大,降雨入渗深度可达到 60~100 cm 土层,作物可以利用深层土壤中的降雨。浅埋滴灌降雨利用率为 67%~78%,较膜下滴灌高 29%~35%。

9.1.5　滴灌玉米灌溉制度与灌溉决策研究

不同代表年推荐灌溉制度:枯水年浅埋滴灌、膜下滴灌分别灌水 9 次、8 次,灌溉定额分别为 315 mm、270 mm;平水年浅埋滴灌、膜下滴灌灌水均为 7 次,灌溉定额分别为 222 mm、183 mm;丰水年浅埋滴灌、膜下滴灌分别灌水 5 次、4 次，灌溉定额为 135 mm、105 mm。

在降雨较少的平水偏枯年，膜下滴灌覆膜的保墒效果更加显著。在降雨较多的平水偏丰年，膜下滴灌覆膜的保墒效果并不明显，反而薄膜截流作用对作物负面影响更加凸显，浅埋滴灌对降雨的利用优势更加显著。因此，确定玉米滴灌灌溉决策，以降雨频率为 50%、降雨量为 268.32 mm 的平水年为分界线，对不同研究区，通过多年平均降雨量和当年降雨预报推算生育期降雨量：对于降雨量小于 268.32 mm 的地区，推荐使用膜下滴灌更佳；对于降雨量大于 268.32 mm 的地区，推荐使用浅埋滴灌更佳。

9.2　主要创新点

（1）利用田间实测数据和 SIMDualKc 模型深入细致地对比研究了膜下滴灌与浅埋滴灌蒸腾蒸发规律，将试验处理分区域研究，更加准确地定量分析不同区域的棵间蒸发规律，揭示膜下滴灌玉米节水机理，由于薄膜覆盖阻断了土壤与大气的水分交换，有效降低了膜下滴灌的棵间蒸发量，膜下滴灌节水主要发生在覆膜区（Ⅰ区），棵间蒸发量仅为 0.67 mm，占膜下滴灌总棵间蒸发量的 2%。由于Ⅰ区薄膜的截流作用，一部分降雨被地膜阻截后沿水平方向进入裸土区域（Ⅱ区），土壤表层水分增大，棵间蒸发增加，Ⅱ区棵间蒸发量膜下滴灌高于浅埋滴灌 11%，膜下滴灌的Ⅱ区并无节水效果。

（2）本书通过田间实测数据研究玉米膜下滴灌和浅埋滴灌不同生长阶段降雨利用率，明确各阶段玉米对不同强度降雨利用情况，定量对比分析膜下滴灌及浅埋滴灌降雨利用率，结合 Hydrus-2D 模型模拟研究降雨条件下土壤水分二维分布，得到浅埋滴灌降雨利用率为 67%～78%，较膜下滴灌高 29%～35%，膜下滴灌覆膜对降雨的截流量为 26%～35%。由降雨后膜下滴灌土壤水分分布可知，当降雨量为 20～40 mm 时，膜边位置（距滴灌带 30 cm 处）降雨入渗量高于膜外侧 2%～6%。当降雨量高于 30 mm 时，会在 0～35 cm 土层内形成降雨湿润饱和区，膜下滴灌的降雨湿润饱和区面积为 374～1 440 cm^2，浅埋滴灌的降雨湿润饱和区面积为 1 260~1 440 cm^2。

(3)本书通过膜下滴灌和浅埋滴灌对玉米需水规律、产量构成因子、生长指标、水分利用效率和蒸腾蒸发影响机理综合研究得出玉米滴灌灌溉决策,以降雨频率为 50%、降雨量为 268.32 mm 的平水年为分界线,对不同研究区通过多年平均降雨量和当年降雨预报推算生育期降雨量:对于降雨量小于 268.32 mm 的地区,推荐使用膜下滴灌更佳;对于降雨量大于 268.32 mm 的地区,推荐使用浅埋滴灌更佳。

9.3 展　望

(1)本书主要研究膜下滴灌及浅埋滴灌 3 个水平滴灌试验,只设置了低、中、高 3 个灌溉水平,灌水处理较少。在以后的试验中应该增加灌水处理,进一步研究不同水分对玉米滴灌的影响。

(2)本书着重研究节水机理,受时间限制,并未对作物蒸腾进行深入研究,在后续的研究中可以增加膜下滴灌和浅埋滴灌蒸腾规律研究,结合叶片生理性状、光合速率及气孔导度,探究玉米滴灌增产机理。

(3)由于时间和工作量所限,本书只研究了不同水分处理玉米膜下滴灌和浅埋滴灌节水机理,滴灌肥料随水滴施,不同水分运移会对肥料利用率造成影响。土壤根区肥料运移规律有待进一步研究明确,肥料利用对玉米滴灌增产机理具有重要意义。希望后人进一步深入研究。

参 考 文 献

[1] 易路. 陆面水文模型 TOPX 的改进及其与区域气候模式 WRF 的耦合研究[D]. 南京:南京大学,2019.

[2] 管光明, 雷静, 马立亚. 以水量统一调度促进长江流域水资源有效管控[J]. 中国水利, 2019(17):62-63.

[3] 邵彦虎. 西北干旱区内陆河流域生态需水量研究[J]. 甘肃水利水电技术, 2020(5):15-20.

[4] 赖红兵, 鲁杏. 国外农业现代化和农村水利建设经验对我国的启示[J]. 中国农业资源与区划, 2019, 40(11):266-273.

[5] 刘思远. 干旱地区灌区水资源及灌溉水利用系数评价[J]. 山西水利科技, 2019(2):56-58,84.

[6] 徐义军, 刘思妍, 姚帮松,等. 农田灌溉水有效利用系数研究进展[J]. 湖南水利水电, 2020, 227(3):70-74.

[7] 胡琦, 李仙岳, 史海滨,等. 基于染色示踪的农膜残留农田土壤优先流特征[J]. 水土保持学报, 2020, 168(3):144-151.

[8] Hou X Y, Wang F X, Han J J, et al. Duration of plastic mulch for potato growth under drip irrigation in an arid region of Northwest China[J]. Agricultural & Forest Meteorology, 2010, 150(1):115-121.

[9] Chen Y S, Wu C F, Zhang H B, et al. Empirical estimation of pollution load and contamination levels of phthalate esters in agricultural soils from plastic film mulching in China[J]. Environmental Earth Sciences, 2013, 70(1):239-247.

[10] 董合干,刘彤,李勇冠,等. 新疆棉田地膜残留对棉花产量及土壤理化性质的影响[J]. 农业工程学报, 2013, 29(8):91-99.

[11] 张语馨, 刘娜, 瞿涛,等. 不同地膜及其残留量对土壤呼吸速率的影响[J]. 新疆农业大学学报, 2019, 42(3):210-215.

[12] 李峰, 耿智广, 张文伟,等. 农膜残留量对陇东雨养区玉米生产的影响[J]. 陕西农业科学, 2018, 64(9):1-3.

[13] 刘海燕, 刘旭芹. 节水灌溉技术在农田水利工程中的应用[J]. 城市建设理论研究(电子版), 2015(3):1193-1194.

[14] 赵蕾. 新时期地面灌溉种类与优劣势分析[J]. 现代农业,2020(10):73-74.

[15] 蔡亚文, 张青天. 浅析农田水利节水灌溉技术措施[J]. 科学与财富, 2020

(6):322.
[16] 朱林. 低压管道输水灌溉优势及应用[J]. 河南水利与南水北调, 2018, 47(9):24-26.
[17] 彭莉莉,王新.农业高效节水政府购买服务和PPP模式对比分析——以怀柔区农业高效节水工程为例[J].北京水务,2018(4):32-36.
[18] 郑萌, 刘朝. 渠道防渗技术在农田水利中的应用探究[J]. 农业与技术, 2020,40(15):57-58.
[19] 张春笑. 半固定式喷灌工程设计[J]. 河南水利与南水北调, 2020, 343(1):70-71.
[20] 方玉川, 陈占飞, 汪奎,等. 灌溉频率对滴灌马铃薯生长、产量和水分利用率的影响[J]. 陕西农业科学, 2020, 66(1):1-2.
[21] 冯璐璐. 水利灌溉问题及节水措施分析[J]. 城市建设理论研究(电子版), 2018(21):162.
[22] 张俊峰,黄凯,杨宏飞.水利灌溉管理制度存在的问题及对策[J].河南水利与南水北调,2018,47(1):29-30.
[23] 张延涛. 浅析新时期水利灌溉管理技术[J]. 农业科技与信息,2018(2):85-86.
[24] Eissa M A, Negim O E. Nutrients uptake and water use efficiency of drip irrigated maize under deficit irrigation[J]. Journal of Plant Nutrition, 2019(42):79-88.
[25] Al-Jamal M S, Ball S,Sammis T W. Comparison of sprinkler, trickle and furrow irrigation efficiencies for onion production[J]. Agricultural Water Management, 2001, 46(3):253-266.
[26] Charles Batchelor, Christopher Lovell, Monica Murata. Simplemicroirrigation techniques for improving irrigation efficiency on vegetable gardens[J]. Agricultural Water Management, 1996(32):37-48.
[27] 康绍忠.贯彻落实国家节水行动方案推动农业适水发展与绿色高效节水[J].中国水利,2019(13):1-6.
[28] 马立辉. 节水措施在农业水利灌溉中的应用价值[J]. 农业科技与信息, 2018(2):91-92.
[29] 金鑫. 灌区井渠结合节水改造技术模式探讨[J]. 河南水利与南水北调, 2019, 48(11):31-32.
[30] 张东, 张兴风. 农田灌溉节水工程实施探究[J]. 山东工业技术, 2019(1):

113.
[31] 唐辉宇. 微灌设备生产现状及展望[J]. 黑龙江水利, 2004(2):32-32.
[32] 张淑云. 玉米膜下滴灌的发展与应用[J]. 北京农业,2015(17):15.
[33] 王显超, 刘班. 浅谈膜下滴灌技术在农业中的应用[J]. 种子科技, 2020, 38(4):34-35.
[34] 徐利岗, 王怀博, 鲍子云,等. 基于土壤水分下限的宁夏枸杞滴灌灌溉制度试验研究[J]. 排灌机械工程学报, 2020, 244(5):97-103.
[35] 柳永强, 陆立银, 胡新元,等. 甘肃中部旱区马铃薯垄膜滴灌全程机械化栽培模式[J]. 甘肃农业科技, 2019 (6):87-90.
[36] 张金萍, 周胜利, 张奥. 膜下滴灌技术应用研究进展[J]. 黑龙江水利, 2016, 2(9):11-15.
[37] 加孜拉, 白云岗, 曹彪. 北疆寒旱区不同水分处理对膜下滴灌青贮玉米植株生长与产量的影响[J]. 中国农学通报, 2018, 35(16):6-14.
[38] 何钊全, 尚雪, 张铜会,等. 覆膜和灌水对科尔沁沙地垄沟种植玉米产量和水分利用特征的影响[J]. 生态环境学报, 2020, 29(1):133-144.
[39] 司昌亮, 尚学灵, 王旭立,等. 半干旱区玉米膜下滴灌适宜水分生产函数模型研究[J]. 节水灌溉, 2020, 293(1):44-49,53.
[40] 李建查, 李坤, 方海东,等. 不同滴灌模式对干热河谷甜玉米生物量分配、产量和水分利用效率的影响[J]. 生态与农村环境学报, 2019, 35(7):947-952.
[41] J C Paul, J N Mishra, P L Pradhan, et al. Effect of drip and surface irrigation on yield, water- use-efficiency and economics of capsicum (Capsicum annum l.) Grown under mulch and non-mulch conditions in eastern coastal India[J]. European Journal of Sustainable Development, 2013, 2(1):99-108.
[42] Amayreh J, Al-Abed N. Developing crop coefficients for field-grown tomato (Lycopersicon esculentum Mill.) under drip irrigation with black plastic mulch [J]. Agricultural Water Management, 2005, 73(3):247-254.
[43] Santosh D T, Tiwari K N . Estimation of water requirement of Banana crop under drip irrigation with and without plastic mulch using dual crop coefficient approach [J]. IOP Conference Series Earth and Environmental, 2019, 344(1):012024.
[44] Tiwari K N, Singh A, Mal P K. Effect of drip irrigation on yield of cabbage (Brassica oleracea L. Var. Capitata) under mulch and non-mulch conditions [J]. Agricultural Water Management, 2003, 58(1):19-28.

[45] 张鲁鲁,蔡焕杰,王健. 膜下滴灌对温室甜瓜水分利用效率及品质影响[J]. 节水灌溉,2011(4):7-10.

[46] 白珊珊, 万书勤, 康跃虎. 华北平原滴灌施肥灌溉对冬小麦生长和耗水的影响[J]. 农业机械学报, 2018, 49(2):269-276.

[47] Cetin O, Kara A. Assesment of water productivity using different drip irrigation systems for cotton[J]. Agricultural Water Management, 2019, 223:105693.

[48] Warwick N S, John J. Selection for water use efficiency traits in a cotton breeding program[J]. Crop Science, 2005, 45:1107-1113.

[49] 唐士劼, 窦超银. 滴头流量对风沙土滴灌湿润锋运移影响的试验研究[J]. 节水灌溉, 2018, 279(11):61-65,77.

[50] 李苏君, 蔺树栋, 王全九,等. 土壤水力参数对点源入渗湿润体形状的影响[J]. 农业机械学报, 2020, 51(1):264-274.

[51] 雷成霞, 魏闯, 王振华,等. 无膜移栽棉花地下滴灌技术应用初探[J]. 山西水利科技, 2019(1):20-22.

[52] 郭金路,谷健, 尹光华,等. 辽西半干旱区浅埋式滴灌对春玉米耗水特性及产量的影响[J]. 生态学杂志, 2017, 36(9):2514-2520.

[53] 梅园雪,冯玉涛,冯天骄,等. 玉米浅埋滴灌节水种植模式产量与效益分析[J]. 玉米科学,2018,26(1):98-102.

[54] 李经伟,申利刚,张文丽. 不同灌溉形式下玉米全生产期投入产出与效益分析[J]. 节水灌溉,2016(5):106-109.

[55] 戚迎龙,李彬,赵举,等. 西辽河流域春玉米节水灌溉模式评价与优选[J]. 干旱地区农业研究,2018,36(3):44-50.

[56] 杨恒山, 薛新伟, 张瑞富,等. 灌溉方式对西辽河平原玉米产量及水分利用效率的影响[J]. 农业工程学报, 2019,373(21):77-85.

[57] 申丽霞, 兰印超, 李若帆. 不同降解膜覆盖对土壤水热与玉米生长的影响[J]. 干旱地区农业研究, 2018(1): 200-206.

[58] 杜社妮, 白岗栓. 玉米地膜覆盖的土壤环境效应[J]. 干旱地区农业研究, 2007, 25(5):56-59.

[59] 段斌. 不同测试手段测试农作物需水量探讨[J]. 河南水利与南水北调, 2018,47(1):26-28.

[60] 赵靖丹. 内蒙古通辽地区滴灌玉米耗水特性与 SIMDual_Kc 模型模拟研究[D]. 内蒙古:内蒙古农业大学,2016.

[61] Sumner D M, Jacobs J M. Utility of Penman-Monteith, Priestley-Taylor, refer-

ence evapotranspiration, and pan evaporation methods to estimate pasture evapotranspiration[J]. Journal of Hydrology, 2005, 308(1):81-104.

[62] 张振伟,马建琴,李英,等.基于B/S模式的北方冬小麦实时在线非充分灌溉管理研究及应用[J].干旱区资源与环境,2015,29(2):120-125.

[63] 王娟, 袁成福, 张瑜. 参照作物需水量尺度特征方法研究进展[J]. 灌溉排水学报, 2017, 36(S2):80-83.

[64] 周彦丽. 作物蒸散量计算模型研究进展[J]. 农业灾害研究, 2019, 9(4):83-85.

[65] Yu Z, Liyuan Z, Zhang H, et al. Crop coefficient estimation method of maize by UAV remote sensing and soil moisture monitoring[J]. transactions of the Chinese Society of Agricultural Engineering, 2019, 35(1):83-89.

[66] Krishna G, Sahoo R N, Singh P, et al. Comparison of various modelling approaches for water deficit stress monitoring in rice crop through hyperspectral remote sensing[J]. Agricultural Water Management, 2018, 213:231-244.

[67] 陶君,田军仓,李建设,等.温室辣椒不同微咸水膜下滴灌灌溉制度研究[J].中国农村水利水电,2014(5):68-72,80.

[68] 马牡兰.控制性根系分区交替膜下滴灌对番茄耗水和产量的影响[J].内蒙古科技与经济,2019(18):41.

[69] 石岩, 张金霞, 董平国,等. 干旱缺水区膜下滴灌棉花节水机理及灌溉制度研究[J]. 干旱地区农业研究, 2018, 36(2):77-85.

[70] 李尤亮,王杰,曹言,等.金沙江干热河谷区(云南境内)夏玉米需水量的变化特征[J].中国农村水利水电,2019(10):117-122,126.

[71] 宇宙,王勇,罗迪汉,等.膜下滴灌条件下玉米蒸散耗水规律研究[J].灌溉排水学报,2015,34(11):56-59.

[72] 张振华,蔡焕杰,杨润亚.水分胁迫条件下膜下滴灌作物蒸腾蒸发量计算模式的研究[J].干旱地区农业研究,2005,23(5):148-151.

[73] 王韦娜, 张翔, 张立锋,等. 蒸渗仪法和涡度相关法测定蒸散的比较[J]. 生态学杂志, 2019, 316(11):319-327.

[74] 张圆, 贾贞贞, 刘绍民,等. 遥感估算地表蒸散发真实性检验研究进展[J]. 遥感学报, 2020(8):975-999.

[75] 刘艳萍,杜雅丽,聂铭君,等.基于称重式蒸渗仪及多种传感器的作物表型及蒸散监测系统研制[J].农业工程学报, 2019, 35(1):122-130.

[76] 郭燕. 不同发育阶段玉米蒸发蒸腾量的模拟及其影响因素[J]. 青海科技,

2020, 27(1):47-58.

[77] 刘志伟,李胜男,张寅生,等.青藏高原高寒草原土壤蒸发特征及其影响因素[J].干旱区资源与环境,2019,33(9):87-93.

[78] Holmes T R H, Hain C R, Crow W T, et al. Microwave implementation of two source energy balance approach for estimating evapotranspiration[J]. Hydrology & Earth System ences, 2018, 22(2):1-25.

[79] Merlin O, Olivera-Guerra L, AïT Hssaine B, et al. A phenomenological model of soil evaporative efficiency using surface soil moisture and temperature data[J]. Agricultural and Forest Meteorology, 2018, 256:501-515.

[80] Zhao P, Kang S, Li S, et al. Seasonal variations in vineyard ET partitioning and dual crop coefficients correlate with canopy development and surface soil moisture [J]. Agricultural Water Management, 2018, 197:19-33.

[81] Marek G W, Colaizzi P D, Evett S R, et al. Design, fabrication, and operation of an in-situ microlysimeter for estimating soil water evaporation[J]. Applied Engineering in Agriculture, 2019, 35(3):301-309.

[82] Han S, Yang Y, Li H, et al. Determination of crop water use and coefficient in drip-irrigated cotton fields in arid regions[J]. Field Crops Research, 2019, 236: 85-95.

[83] 张彦群, 王建东, 龚时宏, 等. 基于液流计估测蒸腾分析覆膜滴灌玉米节水增产机理[J]. 农业工程学报, 2018, 34(21):89-97.

[84] 刘春伟,邱让建,孙亚卿,等.不同材料和尺寸微型蒸渗仪测定土壤蒸发量[J].中国农村水利水电,2018(6):1-5.

[85] 丁日升,康绍忠,张彦群. 涡度相关法与蒸渗仪法测定作物蒸发蒸腾的对比研究[C]//中国农业工程学会.现代节水高效农业与生态灌区建设(上). 2010:237-245.

[86] Alfieri J G, Kustas W P, Prueger J H, et al. On the discrepancy between eddy covariance and lysimetry-based surface flux measurements under strongly advective conditions[J]. Advances in Water Resources, 2012, 50:62-78.

[87] 闫浩芳,毋海梅,张川,等. 基于修正双作物系数模型估算温室黄瓜不同季节腾发量[J]. 农业工程学报, 2018(1):117-125.

[88] Zhang B Z, Liu Y, Xu D, et al. The dual crop coefficient approach to estimate and partitioning evapotranspiration of the winter wheat-summer maize crop sequence in North China Plain[J]. Irrigation Science, 2013, 31(6):1303-

1316.

[89] Zhang H M, Huang G. Estimating Evapotranspiration of Processing Tomato under Plastic Mulch Using the SIMDualKc Model[J]. Water, 2018, 10(8):1088-1088.

[90] 石小虎,蔡焕杰,赵丽丽,等. 基于SIMDualKc模型估算非充分灌水条件下温室番茄蒸腾蒸发量[J]. 农业工程学报, 2015, 31(22):131-138.

[91] 邱让建,杜太生,陈任强. 应用双作物系数模型估算温室番茄耗水量[J]. 水利学报, 2015, 46(6):678-686.

[92] 赵娜娜,刘钰,蔡甲冰,等. 夏玉米棵间蒸发的田间试验与模拟[J]. 农业工程学报, 2012, 28(21):66-73.

[93] 闫世程,张富仓,吴悠,等. 滴灌夏玉米土壤水分与蒸散量SIMDualKc模型估算[J]. 农业工程学报, 2017(16):159-167.

[94] 李瑞平,赵靖丹,史海滨,等. 内蒙古通辽膜下滴灌玉米棵间蒸发量SIMDual_Kc模型模拟[J]. 农业工程学报, 2018, 34(3): 127-134.

[95] 宋幽静,张玉清,何俊仕,等. 基于人工降雨的土壤水分入渗研究[J]. 节水灌溉,2017(3):14-17,20.

[96] Guan H, Cao R. Effects of biocrusts andrainfall characteristics on runoff generation in the Mu Us Desert, northwest China[J]. Hydrology Research, 2019, 50(5):1410-1423.

[97] Chamizo S, Emilio Rodríguez-Caballero, José Raúl Román, et al. Effects of biocrust on soil erosion and organic carbon losses under natural rainfall[J]. Catena, 2016, 148:117-125.

[98] 齐子萱, 周金龙, 季彦桢,等. 基于长系列观测资料的干旱区降水入渗补给规律研究[J]. 水资源与水工程学报, 2019,147(5):127-136.

[99] Fernández-Pato Javier, Caviedes-Voullième Daniel, García-Navarro Pilar. Rainfall/runoff simulation with 2D full shallow water equations: Sensitivity analysis and calibration of infiltration parameters[J]. Journal of Hydrology, 2016(536):496-513.

[100] 徐凯,陆垂裕,汪林. 西辽河流域平原区地下水动态补给研究[J]. 水利水电技术,2013,44(6):22-25.

[101] 曾铃, 李光裕, 史振宁,等. 降雨入渗条件下非饱和土渗流特征试验[J]. 中国公路学报, 2018, 31(2):191-199.

[102] Pappas E A, Smith D R, Huang C, et al. Impervious surface impacts to runoff

and sediment discharge under laboratory rainfall simulation[J]. Catena, 2008, 72(1):146-152.

[103] 申豪勇, 梁永平, 唐春雷,等. 应用氯量平衡法估算娘子关泉域典型岩溶区的降水入渗系数[J]. 水文地质工程地质, 2018,45(6):31-35.

[104] Kato H,Onda Y, Tanaka Y, et al. Field measurement of infiltration rate using an oscillating nozzle rainfall simulator in the cold, semiarid grassland of Mongolia[J]. Catena, 2009, 76(3):173-181.

[105] Van,Den, Putte, et al. Estimating the parameters of the Green-Ampt infiltration equation from rainfall simulation data: Why simpler is better[J]. Journal of Hydrology Amsterdam, 2013, 476:332-344.

[106] 肖继兵, 孙占祥, 蒋春光, 等. 辽西半干旱区垄膜沟种方式对春玉米水分利用和产量的影响[J]. 中国农业科学, 2014, 47(10):1917-1928.

[107] 明广辉, 罗毅, 孙林,等. 覆膜对农田降水入渗的影响研究[J]. 灌溉排水学报, 2015, 34(4):1-4.

[108] 韩胜强, 王振华, 李文昊,等. 不同可降解膜覆盖对一维土柱土壤水分入渗和蒸发的影响[J]. 中国农村水利水电, 2019(8):42-46.

[109] Welemariam M, Kebede F, Bedadi B, et al. Effect of community-based soil and water conservation practices on soil glomalin, aggregate size distribution, aggregate stability and aggregate-associated organic carbon in northern highlands of Ethiopia[J]. Agriculture & Food Security, 2018, 7(1):42.

[110] Lei W K, Dong H Y, Chen P, et al. Study on runoff and infiltration for expansive soil slopes in simulated rainfall[J]. Water, 2020, 12(1):222.

[111] Yang Q, Xiao G, Feng B L. How a ridge-furrow rainwater harvesting system with plastic film-mulched ridges affects runoff generation, rainfall storage, and water movement in semi-arid regions in China[J]. Russian Journal of Agricultural and Socio-Economic Sciences, 2020, 97(1):94-106.

[112] 蒋小金. 西北旱区覆膜对农田雨水分布格局及玉米产量的影响[D]. 兰州:兰州大学,2015.

[113] 李富春, 王琦, 张登奎,等. 沟覆盖材料对垄沟集雨种植土壤水分和玉米根系分布的影响[J]. 干旱地区农业研究, 2017, 35(1):33-33.

[114] 毛羽. 农作物灌溉的主要方法[J]. 养殖技术顾问, 2014(12):320-320.

[115] 石岩,张金霞,董平国,等. 干旱缺水区膜下滴灌棉花节水机理及灌溉制度研究[J]. 干旱地区农业研究,2018,36(2):77-85,100.

[116] 邵颖, 李强, 曹晓华,等. 泾惠渠灌区冬小麦合理灌溉制度研究[J]. 节水灌溉, 2017(11):16-20.

[117] 王克全, 马军勇, 周建伟,等. 灌水周期对南疆盐渍化棉田土壤水盐分布特征的影响[J]. 灌溉排水学报, 2013, 32(5):118-121.

[118] 孙晋锴, 冯跃华, 张子敬,等. 基于多年降水的豫东地区夏玉米灌溉制度优化[J]. 节水灌溉, 2017(11):38-41.

[119] 丁林, 金彦兆, 王文娟,等. 民勤绿洲膜下滴灌洋葱节水高产灌溉制度[J]. 干旱地区农业研究, 2016, 34(4):46-54.

[120] 凡久彬. 温室番茄膜下滴灌需水规律试验研究[J]. 吉林水利, 2016 (2): 14-16.

[121] 艾尔肯·沙依提, 阿米娜·热合曼. 膜下滴灌条件下焉耆盆地工业番茄需水规律及灌溉制度研究[J]. 新疆水利, 2015, 4(206):4-7,27.

[122] 王洪源, 李光永. 滴灌模式和灌水下限对甜瓜耗水量和产量的影响[J]. 农业机械学报, 2010, 41(5):47-51.

[123] Semih M S, Attila Y,Servet T. Physiological response of red pepper to different irrigation regimes under drip irrigation in the Mediterranean region of Turkey [J]. Scientia Horticulturae, 2019, 245:280-288.

[124] 陈磊, 乔长录, 何新林,等. 膜下滴灌对绿洲棉田蒸散过程的影响研究[J]. 中国农村水利水电, 2018(428):10-15.

[125] 葛瑞晨. 膜下滴灌绿洲棉田蒸散规律及棉花需水量模型研究[D]. 石河子: 石河子大学,2020.

[126] 崔永生, 王峰, 孙景生,等. 南疆机采棉田灌溉制度对土壤水盐变化和棉花产量的影响[J]. 应用生态学报, 2018, 29(11):135-143.

[127] 汪昌树,杨鹏年,姬亚琴,等. 不同灌水下限对膜下滴灌棉花土壤水盐运移和产量的影响[J]. 干旱地区农业研究, 2016, 34(2):232-238.

[128] 张自坤,刘作新,张颖,等. 日光温室黄瓜地下滴灌灌溉制度的试验研究[J]. 干旱地区农业研究,2008(6):76-81.

[129] 张琼,李光永,柴付军. 棉花膜下滴灌条件下灌水频率对土壤水盐分布和棉花生长的影响[J]. 水利学报, 2004, 35(9):123-126.

[130] 宇宙,王勇,罗迪汉. 膜下滴灌下玉米需水规律及优化灌溉制度研究[J]. 节水灌溉,2015(4):10-13,18.

[131] 范雅君,吕志远,田德龙,等. 河套灌区玉米膜下滴灌灌溉制度研究[J]. 干旱地区农业研究, 2015, 33(1):123-129.

[132] 杜斌,屈忠义,于健,等. 内蒙古河套灌区大田作物膜下滴灌作物系数试验研究[J]. 灌溉排水学报, 2014, 33(4):16-20.

[133] 彭遵原. 覆膜滴灌下间作农田耗水规律及灌溉制度研究[D].呼和浩特:内蒙古农业大学, 2015.

[134] 高晓飞, 王晓岚. 微型蒸发器口径影响土壤蒸发测量值的试验研究[J]. 灌溉排水学报, 2011(1):1-4.

[135] 刘春伟, 邱让建, 孙亚卿, 等.不同材料和尺寸微型蒸渗仪测定土壤蒸发量[J]. 中国农村水利水电, 2018(6): 1-5.

[136] 任中生,屈忠义,李哲,等.水氮互作对河套灌区膜下滴灌玉米产量与水氮利用的影响[J].水土保持学报,2016,30(5):149-155.

[137] 姬祥祥, 徐芳, 刘美含,等. 土壤水基质势膜下滴灌春玉米生长和耗水特性研究[J]. 农业机械学报, 2018,49(11):230-239.

[138] 方缘,张玉书,米娜,等.干旱胁迫及补水对玉米生长发育和产量的影响[J].玉米科学,2018,26(1):89-97.

[139] 仲生柱, 李彬瑞, 靳存旺,等. 不同种植方式对河套灌区玉米生长动态及产量形成特性的影响[J]. 现代农业科技, 2019(22):11-12,17.

[140] Sampathkumar T, Pandian B J, Mahimairaja S. Soil moisture distribution and root characters as influenced by deficit irrigation through drip system in cotton-maize cropping sequence[J]. Agricultural Water Management, 2012, 103: 43-53.

[141] 胡越. 设施黄瓜耗水规律及节水灌溉制度研究[D].哈尔滨:东北农业大学,2014.

[142] 李建兴, 谌芸, 何丙辉,等. 不同草本的根系分布特征及对土壤水分状况的影响[J]. 水土保持通报, 2013,33(1):81-86,91.

[143] 侯晨丽,田德龙,徐冰,等.含盐土壤不同作物根系分布对水盐分布的影响[J].排灌机械工程学报,2018,36(10):1059-1064.

[144] 祁鸣笛, 张彦群, 王卫杰,等. 覆膜滴灌对玉米田间水热传输及耗水的影响[J]. 排灌机械工程学报, 2020, 38(7):89-95.

[145] 司昌亮,王旭立,尚学灵,等.吉林西部玉米膜下滴灌耗水特性研究[J].节水灌溉,2015(7):17-20.

[146] 陈慧, 蔡甲冰, 陈敏建. 覆膜和降雨强度对玉米耗水过程及土壤水分入渗的影响[J]. 灌溉排水学报, 2019, 38(S2):14-22.

[147] 赵引, 毛晓敏, 段萌. 覆膜和灌水量对农田水热动态和制种玉米生长的影

响[J]. 农业机械学报, 2018, 49(8):275-284.
[148] 张丹,龚时宏. 覆膜与不覆膜滴灌对土壤温度和玉米产量影响研究——以辽西为例[J]. 中国农村水利水电,2016(2):9-13.
[149] 李骏奇,孙兆军,焦炳忠. 扬黄灌区不同覆膜滴灌方式对玉米生长及产量的影响[J]. 节水灌溉,2017(5):42-45,51.
[150] 刘洋, 栗岩峰, 李久生,等. 东北半湿润区膜下滴灌对农田水热和玉米产量的影响[J]. 农业机械学报, 2015, 46(10):93-104.
[151] 齐智娟,冯浩,张体彬,等. 干旱区大田玉米膜下滴灌土壤水热效应研究[J]. 水土保持学报,2017,31(1):172-178,185.
[152] 肖鑫辉, 李向华, 刘洋,等. 种植密度对高产夏玉米登海 661 产量及干物质积累与分配的影响[J]. 作物学报, 2011, 37(7):1301-1307.
[153] 马赟花,薛吉全,张仁和,等. 不同高产玉米品种干物质积累转运与产量形成的研究[J]. 广东农业科学,2010,37(3):36-40.
[154] 胡昌浩,董树亭,王空军,等. 我国不同年代玉米品种生育特性演进规律研究Ⅱ物质生产特性的演进[J]. 玉米科学,1998(3):3-5.
[155] 李仙岳,史海滨,龚雪文,等. 立体种植农田不同生育期及土壤水分的根系分布特征[J]. 农业机械学报,2014,45(3):140-147.
[156] Penman H L. Natural evaporation from open water, bare soil and grass[J]. Proceedings of the Royal Society of London. (Crop Science), 1948, 193(1032):120-145.
[157] Patil A, Tiwari K N. Quantification of transpiration and evaporation of okra under subsurface drip irrigation using SIMDualKc model during vegetative development[J]. International Journal of Vegetable Science, 2018(25):1-13.
[158] 赵风华,王秋凤,王建林,等. 小麦和玉米叶片光合-蒸腾日变化耦合机理[J]. 生态学报,2011,31(24):7526-7532.
[159] 张海林,陈阜,秦耀东,等. 覆盖免耕夏玉米耗水特性的研究[J]. 农业工程学报,2002(2):36-40.
[160] Martins J D, Rodrigues G C, Paredes P, et al. Dual crop coefficients for maize in southern Brazil: Model testing for sprinkler and drip irrigation and mulched soil[J]. Biosystems Engineering, 2013, 115(3):291-310.
[161] Rosa R D, Paredes P, Rodrigues G C, et al. Implementing the dual crop coefficient approach in interactive software: 2. Model testing[J]. Agricultural Water Management, 2012, 103:62-77.

[162] Kang S Z, Gu B J, Du T S. Crop coefficient and ratio of transpiration to evapotranspiration of winter wheat and maize in a semi-humid region[J]. Agricultural Water Management, 2003, 59(3):239-254.

[163] Allen R, Pereira L, Raes D, et al. Crop evapotranspiration: guidelines for computing crop water requirements, FAO irrigation and drainage paper 56[J]. FAO, 1998, 56:56-62.

[164] Moriasi D N, Arnold J G, Van Liew M W. Model evaluation guidelines for systematic quantification of accuracy in watershed simulations[J]. Transactions of the Asabe, 2007, 50(3):885-900.

[165] Popova Z, Pereira L S. Modelling for maize irrigation scheduling using long term experimental data from Plovdiv region, Bulgaria[J]. Agricultural Water Management, 2011, 98(4):675-683.

[166] Medlyn B E, Robinson A P, Clement R, et al. On the validation of models of forest CO_2 exchange using eddy covariance data: some perils and pitfalls[J]. 2005, 25(7):839-857.

[167] 张林, 吴普特, 范兴科. 多点源滴灌条件下土壤水分运动的数值模拟[J]. 农业工程学报, 2010,26(9):40-45.

[168] 王建东, 龚时宏, 许迪,等. 地表滴灌条件下水热耦合迁移数值模拟与验证[J]. 农业工程学报, 2010,26(12):66-71.

[169] 杨林林,高阳,韩敏琦,等. 基于 SIMDual_Kc 模型的豫北地区麦田土壤水分动态和棵间蒸发模拟[J]. 水土保持学报,2016,30(4):147-153.

[170] Paredes, Paula, Cunha, et al. Evapotranspiration and crop coefficients for a super intensive olive orchard. An application of SIMDualKc and METRIC models using ground and satellite observations[J]. Journal of Hydrology, 2014, 519: 2067-2080.

[171] Paco T A, Ferreira M I, Rosa R D, et al. The dual crop coefficient approach using a density factor to simulate the evapotranspiration of a peach orchard: SIMDualKc model versus eddy covariance measurements[J]. Irrigation Science, 2012, 30(2):115-126.

[172] Paredes P, D'Agostino D, Assif M, et al. Assessing potato transpiration, yield and water productivity under various water regimes and planting dates using the FAO dual Kc approach[J]. Agricultural Water Management, 2018, 195: 11-24.

[173] 康洁. 玉米根系分布特征及其对土壤物理特性的影响[D]. 杨凌:西北农林科技大学, 2013.

[174] 刘群, 穆兴民, 袁子成,等. 生物降解地膜自然降解过程及其对玉米生长发育和产量的影响[J]. 水土保持通报, 2011, 31(6):126-129.

[175] 杨玉姣, 黄占斌, 闫玉敏,等. 可降解地膜覆盖对土壤水温和玉米成苗的影响[J]. 农业环境科学学报, 2010, 29(3):10-14.

[176] 何文清, 赵彩霞, 刘爽,等. 全生物降解膜田间降解特征及其对棉花产量影响[J]. 中国农业大学学报, 2011(3):31-37.

[177] 贾立华,赵长星,王月福,等. 不同质地土壤对花生根系生长,分布和产量的影响[J]. 植物生态学报, 2013, 37(7):684-690.

[178] Li X Y, Shi H B, Gong X W, et al. Modeling soil water dynamics in a drip-irrigated intercropping field under plastic mulch[J]. Irrigation Science, 2015, 33(4):289-302.

[179] 陈帅, 毛晓敏. 地表滴灌条件下土壤湿润体运移量化表征[J]. 农业机械学报, 2018, 49(8):292-299.

[180] Liu M X, Yang J S, Li X M, et al. Numerical simulation of soil water dynamics in a drip irrigated dotton field under plastic mulch[J]. Pedosphere, 2013, 23(5):620-635.

[181] Sahaar S A, Niemann J D. Impact of regional characteristics on the estimation of root-zone soil moisture from the evaporative index or evaporative fraction[J]. Agricultural Water Management, 2020, 238:131-146.

[182] 祁毓婷,郑德聪,王璟,等. 基于 FLUENT 的滴灌条件下土壤水分入渗数值模拟[J]. 山西农业大学学报(自然科学版),2017,37(2):141-145.

[183] 董文俊, 刘健峰, 丁奠元,等. 旱作覆膜玉米生长和水分利用对气候变化的响应[J]. 干旱地区农业研究, 2020, 38(1):1-12,21.

[184] 位辉琴. 凉山州不同覆膜期限对烤烟生理特性、营养及产质量的效应[D]. 郑州:河南农业大学,2006.

[185] 李仙岳, 陈宁, 史海滨,等. 膜下滴灌玉米番茄间作农田土壤水分分布特征模拟[J]. 农业工程学报, 2019, 35(10):50-59.

[186] 王志鹏, 张宪洲, 何永涛,等. 降水变化对藏北高寒草原化草甸降水利用效率及地上生产力的影响[J]. 应用生态学报, 2018, 29(6):1822-1828.

[187] 王静, 姚顺波, 刘天军. 退耕还林背景下降水利用效率时空演变及驱动力探讨[J]. 农业工程学报, 2020(1):128-137.

[188] 赵放, 王锐, 田宝星,等. 黑龙江省旱作玉米生产降水利用效率潜力演变特征[J]. 水土保持研究, 2019(2):345-351.

[189] 徐小波,周和平,王忠,等. 干旱灌区有效降雨量利用率研究[J]. 节水灌溉, 2010(12):44-46,50.

[190] 张永胜. 不同补充灌溉方式对降雨利用率及马铃薯农田蒸散特征的影响[J]. 节水灌溉,2019, 290(10):39-41,46.

[191] 姬景红,李玉影,刘双全,等. 覆膜滴灌对玉米光合特性、物质积累及水分利用效率的影响[J]. 玉米科学,2015,23(1):128-133.

[192] 郭安红, 刘庚山, 任三学,等. 玉米根、茎、叶中脱落酸含量和产量形成对土壤干旱的响应[J]. 作物学报, 2004, 30(9):888-893.